未名创新 21世纪职业教育规划教材 · 公共课

人工智能导论 与AIGC应用

主　编｜郑敏庆　　　　参　编｜吴华轩　吴华宇　郑君柔　陈　可

副主编｜胡　晨　何　超　　　　　　周子临　王少云　安笑雨　潘欣欣

北京大学出版社

PEKING UNIVERSITY PRESS

图书在版编目（CIP）数据

人工智能导论与AIGC应用 / 郑敏庆主编. —— 北京：北京大学出版社，2025.6.
（21世纪职业教育规划教材）. ——ISBN 978-7-301-36362-1

Ⅰ. TP18

中国国家版本馆CIP数据核字第2025VJ9392号

书　　　名	人工智能导论与AIGC应用	
	RENGONG ZHINENG DAOLUN YU AIGC YINGYONG	
著作责任者	郑敏庆　主编	
责 任 编 辑	张玮琪　刘嘉宁	
标 准 书 号	ISBN 978-7-301-36362-1	
出 版 发 行	北京大学出版社	
地　　　址	北京市海淀区成府路205 号　100871	
网　　　址	http://www.pup.cn　新浪微博：@北京大学出版社	
电 子 邮 箱	编辑部 zyjy@pup.cn　总编室 zpup@pup.cn	
电　　　话	邮购部 010-62752015　发行部 010-62750672　编辑部 010-62754934	
印 刷 者	河北文福旺印刷有限公司	
经 销 者	新华书店	
	787毫米×1092毫米　16开本　13.5印张　320千字	
	2025年6月第1版　2025年6月第1次印刷	
定　　　价	45.00元	

序 1

在数字时代的浪潮中，人工智能不仅成为引领科技革命和产业变革的核心动力，更是推动教育创新、重塑知识体系与社会结构的关键引擎。尤其是近年来生成式人工智能的迅猛崛起，预示着未来人机协同创造的崭新篇章。

我长期从事高等教育与科研工作，深感人工智能技术对国家战略、经济发展、社会治理乃至人文思维的深远影响。《人工智能导论与AIGC应用》一书的出版，正值我国全面推进"人工智能+"战略的重要节点，它不仅填补了高职与本科层次人工智能通识与应用教材的空白，更以系统性、实用性与前瞻性为特色，为青年学子提供一座通往智能时代的桥梁。

本书编者以深厚的教育情怀与敏锐的技术洞察力，将人工智能的理论基础、主流技术、行业应用，以及生成式人工智能工具等核心内容有机整合，既注重逻辑体系与技术原理的讲解，又聚焦实际案例与工具操作的落地，兼具学术性与实用性。在我看来，这不仅是一本教材，更是一本启发创新思维、激发未来想象力的行动指南。

面向未来，人工智能仍处于高速演化阶段。从感知智能到认知智能，再到自主决策与创造智能，人工智能的发展将不断突破边界，带来更多机遇与挑战。我衷心期盼《人工智能导论与AIGC应用》能成为广大师生启航智能时代的知识之舟，也期望它在中国人工智能教育与产业发展中发挥应有的引领作用，助力我国培养更多具有创新精神与实践能力的科技人才。

谨此为序。

刘人怀
中国工程院院士
暨南大学前校长
2025年5月28日

序 II

　　人工智能技术的浪潮正迅速改变人类社会的发展节奏与格局。在教育领域，它不仅重塑了教与学的方式，更深刻影响了人才培养的模式与未来就业的结构。作为一所立足福建、辐射全国的职业教育院校，泉州华光职业学院在过去十几年中，始终坚持"以产业为引导、以创新为动能"的发展理念，率先在全校推动人工智能与数字技能的普及教育，力图为学生开启通往未来的智慧之门。

　　《人工智能导论与AIGC应用》这本教材，正是我们这场人工智能教育改革的重要成果之一。它以扎实的技术体系、鲜活的应用案例、丰富的实操工具，为当代职业院校学生量身打造了一套易学、易懂、易用的人工智能学习路径。书中既有对深度学习、自然语言处理等基础技术的介绍，也涵盖了当下热门的AIGC应用，如文字生成、人工智能绘图、数字人、3D建模、视频创作等，充分体现了"理论+实践""技术+创意"的融合思维。

　　我始终认为，在人工智能时代，职业教育不应仅局限于传授知识与技能，更应激发学生的创新潜能与未来视野。这本教材正是我们华光职业学院多年来在人工智能应用型人才培养方面思考与实践的结晶。它并非抽象的学术论述，而是贴近产业、岗位与创业需求的"数字新读本"。

　　当前，我国正大力推进"数字中国"与"制造强国"战略，职业教育也迎来了转型升级的关键时期。我期望通过本书的出版，让更多高职学生、一线教师乃至业界人士能够快速了解人工智能的基础与应用，找到自己在人工智能时代中的定位与价值。我们华光职业学院也将继续坚守教育初心，立足技术创新，探索"人工智能+专业""人工智能+非遗""人工智能+乡村振兴"的多元路径，为我国人工智能教育贡献职教力量。

　　让我们携手共进，用人工智能开启未来，用学习创造希望！

　　谨以此序，致敬所有投身人工智能教育的先行者与筑梦者。

吴其萃

泉州华光职业学院创始人

2025年6月30日

前　言

作为一位在高校工作的副校长，我深刻感受到人工智能技术的迅猛发展和它对全球各行业的深远影响。人工智能不仅仅是一个科技话题，它更是推动未来社会变革的强大引擎。在当今的全球格局中，人工智能已经成为国际竞争的关键领域，尤其在医疗、教育和制造业等领域展现出巨大的潜力。在教育领域，人工智能正在逐步改变传统的教学模式，提供更加个性化和智能化的学习体验。而编写这本书的目的，就是要让年轻的学子们不仅了解人工智能的基本原理，还要能够应用这些技术来解决实际问题，提升自己的竞争力。

在我参与高校执教的这些年里，我发现很多青年学子对人工智能充满了好奇与渴望，但同时也面临着理解和应用的困难。这并不意外，毕竟人工智能领域涉及的知识面非常广泛，既包括复杂的数学模型，又需要强大的编程能力。因此，我决定编写这本书，不仅向学生们介绍人工智能的理论基础，更着重于如何通过人工智能生成内容（AIGC）工具将这些理论应用于实践。AIGC技术，作为人工智能应用的一个重要方向，正在以惊人的速度进化，它让非专业技术人员也能利用人工智能生成内容，这为各个行业的创新提供了前所未有的可能。

本书不仅仅是一部技术导论，它更是面向未来的实践指南。在编写过程中，我结合了当前最前沿的技术案例，从深度学习、自然语言处理到AIGC的实际应用，让学生们通过案例学习，逐步掌握人工智能的核心技术与实践方法。此外，我还特别注重与国际接轨，结合了国外最新的人工智能技术发展动态，确保学生在学习本书的过程中，能够了解全球最先进的人工智能技术理念和应用方法。

对于大学生来说，理解人工智能不仅是技术学习的重要环节，而且是他们未来职业发展的关键一步。在全球化的背景下，人工智能领域的竞争将愈发激烈，而学生们只有具备国际视野，才能在这一竞争中脱颖而出。我希望学生们通过阅读书中详细的技术讲解与实际案例，不仅掌握人工智能技术的基础知识，还能应用这些技术进行创新，真正做到学以致用。

同时，人工智能技术的普及也为我们提出了新的挑战。如何平衡科技发展与人才培养，如何让人工智能技术不仅服务于前沿科研，还能普惠大众，这是每一位教育者都必须思考的问题。我希望本书能够为高校的人工智能教育带来一些新的思路，让更多的学生掌握这项改变未来的技术，推动我国的人工智能产业与全球同步发展。

在撰写本书的过程中，我深刻感受到肩上的责任，同时也见证了人工智能时代的巨大潜力。本书由郑敏庆主编，负责全书结构设计与内容统筹，并完成第九章至第十二章的撰写工作。胡晨、何超担任副主编，参与全书统稿与内容协调，主要负责第十三章至第十五章的编写。具体编写分工为：吴华轩编写第一章、第二章，吴华宇编写第三章、第四章，王少云编写第五章、第六章，安笑雨编写第七章、第八章。全书插图由潘欣欣、郑君柔、陈可制作，周子临负责全书文字校对与内容检查工作。人工智能不仅仅是一种技术，它还将深刻改变我们的生活方式、工作模式，甚至整个社会的运行机制。作为教育工作者，我希望通过本书，激发学生们对人工智能的兴趣，培养他们的创新能力，让他们在未来能够成为人工智能领域的领军人物，为国家和社会的发展贡献力量。

希望本书能够成为每一位读者在人工智能领域的入门指南，帮助他们在这条充满机遇与挑战的道路上不断探索，走得更远，飞得更高。（文中涉及的案例以实际网站显示为准。）

郑敏庆

2025年6月30日 写于泉州

目　录

第一部分　人工智能基础

第四部分　人工智能在各领域的应用

第五部分　人工智能的未来

第一部分

人工智能基础

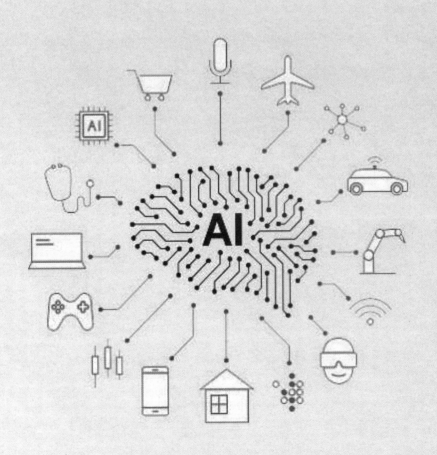

第一节　人工智能的概念

人工智能是计算机科学的分支，主要研究和开发用于模拟、扩展和增强人类智能的理论、方法、技术及应用，如图1-1所示。它是一门既具有研究性质又具备应用特性的学科。人工智能的目标是使机器能够执行通常需要人类智能才能完成的任务，在多个领域实现自动化和智能化。

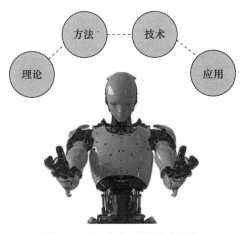

图1-1　人工智能研究内容示意

人工智能是一门自然科学、社会科学和技术科学交叉的边缘学科。它涉及的内容广泛，涵盖哲学、认知科学、数学、神经生理学、心理学、计算机科学、信息论、控制论、不确定性理论、仿生学、社会结构学以及科学发展观等多个领域。

一、人工智能的发展

人工智能的发展通常需要三类方向的专业知识，分别为基础专业、应用专业、跨领域应用，如图1-2所示。基础专业涵盖数学、统计学、物理学等。应用专业涵盖计算机科学、心理学、生物学等。跨领域应用涵盖医学、交通、工业制造、农业、游戏等。

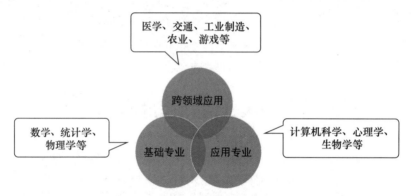

图1-2　人工智能发展所需的方向

人工智能以计算机科学的知识与技术为主体，结合上述基础专业知识和应用专业知识，衍生出的知识与技术已相当丰富。例如，人工智能的研究范畴包括图像识别、大数据、语音识别、机器学习、深度学习、神经网络等；人工智能更细化的发展技术涵盖自然语言处理、知识表达、智能搜索、推理、规划、知识获取、组合调度、感知、模式识别、逻辑编程、不精确和不确定性管理、人工生命、复杂系统、遗传算法等。

二、人工智能领域面临的关键难题

人工智能的研究团队通过深入理解智慧的本质与特性，逐步开发出能够用类似人类智能方式作出反应的各种智能机器。自人工智能诞生以来，其理论和技术日益成熟，应用领域也在不断拓展。未来，人工智能将成为汇集人类智慧成果的"容器"，即科技产品的综合体，它本质上是对人类意识和思维信息处理过程的一种模拟。

虽然人工智能并非人类智慧本身，但它的发展目标是希望能模拟人类的思考方式，甚至可能在某些方面能够超越人类智慧。因此，人工智能是一门充满挑战的研究型与应用型技术科学。

当前，人工智能领域面临的关键难题之一是如何塑造和提升机器的自主创造性思维能力。

第二节　人工智能的定义

人工智能的定义可以分为两部分，即"人工"和"智能"。人工是指人力所能创作、制造的程度，或者人类利用自身智能创造出的成果等。智能涉及意识、思维（包括无意识的思维）等问题。事实上，人类对自身智能的理解，以及对构成人类智能必要元素的认知仍然有限，很难准确定义什么是"人工"制造的"智能"。因此，人工智能的研究往往涉及对人类智能本身的研究。人工智能的研究与发展示意如图1-3所示。同时，其他关于动物或人工系统的智能，也通常被视为人工智能相关的研究课题。

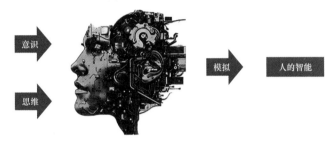

图1-3　人工智能的研究与发展示意

美国计算机科学家温斯顿教授曾对人工智能做出定义：人工智能就是研究如何使计算机去执行过去只有人类才能完成的智能工作。这一说法反映了人工智能这一学科的基本思想和核心内容。

> 人工智能的研究主要涉及利用计算机的软硬件来模拟人类某些智能行为的基本理论、方法和技术。

自20世纪70年代以来，人工智能已被视为世界三大尖端技术之一，且在21世纪仍被认为是尖端技术之一。近年来，人工智能发展迅速，在众多学科领域中得到了广泛应用，并取得了显著成就。人工智能已逐渐成为一个独立的学科分支，在理论和实践上都已形成较完整的体系。人工智能与思维科学的关系相当于实践与理论的关系，它是思维科学技术应用层面的一个重要分支。

第三节　弱人工智能与强人工智能

现代电子计算机的诞生，是人类对大脑思维功能的模拟与信息处理过程的类比。

在人工智能的研究领域中，"弱人工智能"和"强人工智能"的划分是常见概念之一。人工智能这个概念最早由美国计算机科学家麦卡锡在1956年的达特茅斯会议上提出，核心思想是让机器表现出类似人类智慧的行为。也就是说，人工智能指的是机器所表现出来的智能行为。

总的来说，人工智能的定义可以划分为四类，即让机器能够"像人一样思考""像人一样行动""理性地思考""理性地行动"。其中的"行动"应广义地理解为制定行动或采取行动，而不仅仅是指肢体动作。

一、弱人工智能

弱人工智能，也称为狭义人工智能，是一种观点，认为不可能制造出真正能够推理和解决问题的智能机器。这些机器只是看起来好像具有智能，但实际上并不具备真正的智慧，更不会有自主意识。弱人工智能通常被设计用于特定任务，比如语音识别、图像处理和自然语言处理等，虽然它在这些领域表现出色，但能力也仅限于预设范围。

延伸学习

苹果的Siri：Siri是典型的弱人工智能系统，能够理解并执行用户的语音命令，如发送短信、查询天气、设置提醒等，虽然Siri看起来像在与用户进行智能对话，但它的能力仅限于预先设置好的任务。

谷歌的AlphaGo：AlphaGo是一个专门用于下围棋的人工智能程序，它在2016年击败了世界顶级围棋选手李世石，这一成就展示了弱人工智能在特定领域的强大能力，但AlphaGo并不具备理解或解决围棋之外问题的能力。

亚马逊的Alexa：Alexa是一个智能语音助手，能够执行各种家庭任务，如控制智能家居设备、播放音乐、提供新闻更新等，尽管Alexa表现出一定的智能水平，但它只能在预设的范围内运行。

百度的小度助手：小度助手部分功能体现了弱人工智能的特性，主要体现在其基于预设规则和有限模型完成特定任务方面，但缺乏真正的理解与自主决策能力。

二、强人工智能

强人工智能，也称为广义人工智能，目标是开发出一种具备多元智能的机器，能够结合其所有技能，超越大多数人类的能力。有些专家认为，要实现这一目标，可能需要赋予机器类人的特性，如人工意识或类人大脑。因此，许多知名企业提出了人工大脑的基本框架，如谷歌大脑和百度大脑等。

经典案例

IBM的Watson是一个展示强人工智能潜力的系统，它在2011年参加了美国的电视问答节目《危险边缘》（Jeopardy!），并击败了人类冠军。Watson不仅能够理解复杂的自然语言问题，还能从庞大的数据库中快速找到答案。Watson虽然在某些领域表现出色，但距离真正的强人工智能仍有一定距离。

以百度大脑为例，其基本框架分为几个层次，包括应用层、认知层、感知层、算法层、大数据层及云计算层，如图1-4所示。除了应用层之外，本书将在后续内容中陆续介绍几项重要的人工智能核心技术，如大数据、深度学习、机器学习、图像识别、语音识别等技术及其应用案例。

应用			应用层
自然语言处理	知识图谱	用户画像	认知层
视频追踪	增强现实/虚拟现实	图像识别	语音识别	感知层
深度学习		机器学习	算法层
大数据分析/挖掘	数据标注	数据获取	大数据层
云储存		云计算	云计算层

图1-4 百度大脑的基本框架

强人工智能通常被认为是人工智能的终极目标，其特性使得它在解决复杂问题时显得更加强大。强人工智能的观点认为，未来有可能制造出真正能推理和解决问题的智能机器，这种机器将被视为具备知觉和自我意识。因此，专家将强人工智能进一步分为类人的人工智能和非类人的人工智能。类人的人工智能是指机器的思考和推理方式类似于人类的思维。非类人的人工智能是指机器的知觉和意识与人类完全不同，使用的是完全不同于人类的推理方式。

此外，"强人工智能假说"一词也常被用来描述强人工智能的计算机需要拥有类似人类的"心智"，能够认知自我，并像人类一样进行思考。

随着技术的进步，强人工智能有可能会突破当前的技术限制，成为真正具备独立意识的智能体。然而，这也引发了关于伦理、道德和社会影响的广泛讨论，如何确保强人工智能的发展方向符合人类的利益，成了当前及未来亟待解决的重要议题。

第四节 人工智能的发展历程

一、人工智能的历史背景

1956年被学术界称为"人工智能元年"。这一年，数十位科学家齐聚新罕布什尔州的达特茅斯学院，举办了达特茅斯会议，正式确立了"人工智能"这一学科名称。四位主要发起人——麦卡锡、明斯基、罗切斯特和香农，在会议上提出了人工智能的核心理念，并为这一领域的后续发展奠定了基础。他们的研究成果对人工智能的形成和发展具有深远影响。

二、人工智能的萌芽期

1. 图灵测试的提出

英国数学家图灵是人工智能领域的先驱之一。他在1950年提出了"图灵测试"的概念，以判断"人工智能机器能否思考"。这是第一个试图定义机器智能的标准。图灵测试的核心思想是，如果一台机器能够与人类进行对话，并且人类无法辨别其机器身份，那么该机器可以被认为具有人类智能。这一测试奠定了早期人工智能研究的基础，引发了广泛的讨论和研究，其示意如图1-5所示。该测试包括三个角色，即人工智能机器A，人类B，人类评审员C。C看不到A和B，只能通过提问和回答来分辨机器和人类。如果C最后不能准确区分哪个对象是机器，哪个对象是人类，那么这个人工智能机器就通过了测试，被认为具有人类智能。

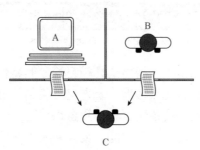

A—人工智能机器；B—人类；C—人类评审员

图1-5 图灵测试示意

2. 达特茅斯会议

1956年夏天，麦卡锡在美国达特茅斯学院召集了数十位科学家，举行了研讨会。这次会议被视为人工智能学科的诞生点。在会议上，麦卡锡提出了"人工智能"这一术语，正式确立了这一新兴领域的名称和研究方向。

3. LISP的出现

LISP是人工智能领域的重要编程语言，由麦卡锡开发。这种语言的设计高度灵活，支持递归和符号处理，因此非常适合用于开发早期的人工智能程序。LISP语言的垃圾回收机制和符号运算能力使其成为20世纪60年代至20世纪80年代人工智能研究的主要工具之一。

LISP是一种非常古老但强大的程序语言，是处理列表的程序语言。想象一下，LISP就像一种能够玩耍和组装"积木"的语言，而这些"积木"就是列表。

列表是LISP的基本组成单元。在LISP语言体系中，几乎所有的数据结构与操作对象都以列表形式呈现。列表可类比为串联的珠串，其中每颗"珠子"既可以是数值、文本等基础数据，也可以是另一组相互关联的"珠串"，即嵌套的子列表。

LISP中所有的程序代码都是用 S-表达式来写的，S-表达式就像是列表，但里面可以输入"指令"和"数据"。

例如，当输入语句（+ 1 2 3），LISP程序会先识别"+"，然后把1、2和3相加，得到结果6。

LISP 是自我组装的语言。LISP 的奇妙之处在于，它能够用列表来创建新的列表，也就是说，它可以"自己创建自己"。

LISP很擅长处理递归问题，也就是用自己来解决问题的程序代码。这让它在人工智能领域非常强大。

4. 早期人工智能的局限性

（1）计算能力的限制。

尽管早期的人工智能系统可以解答一些代数题、逻辑问题和简单的数学证明题，但它们的计算能力和存储容量极为有限，难以处理更复杂的任务。典型的早期人工智能程序包括走迷宫算法和汉诺塔问题等，但这些程序只能在受限的条件下运行，无法应对现实世界中的复杂情况。

（2）硬件瓶颈。

当时的计算机硬件发展尚未成熟，计算速度和存储空间远远不足，导致人工智能在实际应用中进展缓慢。尽管这些早期尝试展示了人工智能的潜力，但由于硬件性能的限制，许多设想未能实现，研究进展也因此受到阻碍。

5. 人工智能的经典算法

以汉诺塔问题为例，汉诺塔是一个经典的数学和计算机科学问题，由法国数学家卢卡斯于1883年提出。该问题设定为在古印度的一座神庙中，有三根木桩和若干个直径不同的圆盘，目标是将所有圆盘从第一根木桩移动到第三根木桩，同时满足以下规则：每次只能移动一个圆盘，较小的圆盘必须始终在较大的圆盘之上。这一问题通常用于考查算法的递归设计和计算机的求解能力，是人工智能教育中的经典案例，汉诺塔示意如图1-6所示。

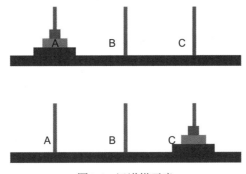

图1-6　汉诺塔示意

用C++语言解决汉诺塔问题，其算法示意如图1-7所示。

```cpp
void move(int disks, int from, int to)
{
    if(disks == 1)
    {
        cout << "Move from " << from << " to " << to << endl;
        return;
    }
    int relay = 6 - from - to;
    move(disks - 1, from, relay);
    move(1, from, to);
    move(disks - 1, relay, to);
}
```

图1-7　C++语言解决汉诺塔问题算法示意

6. 算法的概念与应用

算法在计算机科学中是指一种有限的步骤和指令，用于解决特定问题或完成某项任务。算法不仅是编写程序的核心，还在人工智能中扮演着重要角色。例如，深度优先搜索和广度优先搜索是解决图论问题的基本算法，而这些方法被广泛应用于路径规划、游戏和逻辑推理等领域。

举例来说，在西洋棋里，骑士的走法为L形。骑士走棋规则如图1-8所示。在骑士走棋盘游戏中，必须移动骑士走过棋盘每一格且每一格只走一次。

解决这个问题的一个可行策略是运用一种"回溯法"的算法，原理是随机移动骑士，直到无法继续移动到其他方格为止（或者所有方格都已经走过）。之后，将骑士移回前一个位置，尝试不同的路线。依此不断重复，直到为骑士找到最佳的路线为止。算法原理如下。

（1）移动骑士到新方格。

（2）没有其他可走方格，将骑士移回前一个位置。

（3）重复步骤（1）直到骑士走过所有方格。

图1-8　骑士走棋规则

三、人工智能的发展期

1. 摩尔定律与计算能力提升

随着晶体管的发明，以及1965年英特尔创始人之一摩尔提出的摩尔定律被逐步验证，计算机的计算能力和存储容量在接下来的几十年内迅速提升。摩尔定律指出，当价格不变时，集成电路上可容纳的晶体管数量每隔18个月便会增加一倍。这使得计算机的处理能力和存储空间以指数级增长，为人工智能的飞速发展奠定了基础。

2. 专家系统的兴起

20世纪80年代，专家系统成为人工智能研究的热点。专家系统是一种基于知识库的程序，旨在模拟人类专家的决策过程，解决特定领域的问题。这些系统通过将专家的知识和经验转化为计算机可以理解的规则，来推理和判断问题。例如，卡内基梅隆大学开发的XCON系统就是一个早期较成功的专家系统，用于帮助配置复杂的计算机系统。

专家系统的架构通常包括以下几部分。

1. 知识库

知识库是专家系统的核心部分，存储着大量的领域知识。这些知识通常以规则、案例或数学模型的形式存在。知识库的建立依赖领域专家知识的广泛采集和系统化，并通过不断更新和维护来保持其有效性。

2. 推理引擎

推理引擎负责在知识库的基础上进行逻辑推理，得出结论。推理引擎可以采用多种推理方法，如前向推理（从已知事实出发推导新知识）和后向推理（从目标出发推理可能的原因）。推理引擎的效率和准确性会直接影响专家系统的性能。

3. 用户界面

用户界面为用户提供了与专家系统交互的窗口。一个良好的用户界面应当直观、易用，使用户能够轻松地输入问题、查看系统的推理过程，并获得解答。这是使专家系统真正实用的重要组成部分。

4. 知识获取接口

知识获取接口是系统从专家或外部资源中获取新知识的通道。由于领域知识不断发展，专家系统必须能够动态更新其知识库，保持系统的先进性和准确性。通过知识获取接口，系统可以从新的案例、研究成果或专家的反馈中不断学习和改进。

5. 工作暂存区

工作暂存区用于存储推理过程中产生的中间结果，支持复杂问题的分步求解。由于推理过程往往涉及多种可能的路径和选择，工作暂存区可以帮助系统暂存和管理这些中间状态，最终得出最优解。

四、机器学习与其分支深度学习的崛起和发展

人工智能的发展犹如一次漫长而又充满惊奇的旅程，在这段旅程中，机器学习和深度学习是两个极其重要的里程碑，它们分别代表了人工智能从被动执行到主动学习，再到模仿人类思考的质的飞跃。

1. 机器学习

机器学习是人工智能领域中的一个重要分支，它的核心理念是让计算机通过学习大量数据，自主找到其中的模式并进行预测或决策。这意味着计算机不再仅仅依赖人工编写的规则，而是能够根据数据不断调整和优化自身的规则。这一过程依赖各种算法的支持，如线性回归、决策树、支持向量机等，它们帮助计算机在分类、回归、聚类等任务中表现出色。

其中，监督学习和无监督学习是机器学习的两大主要方法。监督学习通过提供标

签数据，让模型在"老师"的指导下学习。半监督学习只有部分的数据是标签数据，这是它与监督学习的区别。而无监督学习则是在数据没有标签的情况下，计算机自行寻找数据的内在规律。此外，还有一种称为强化学习的方法，它让计算机通过与环境的互动，逐渐学会如何在某个任务中做出最优决策。这种方法广泛应用于游戏、自动驾驶等领域。机器学习的四种方式如图1-9所示。

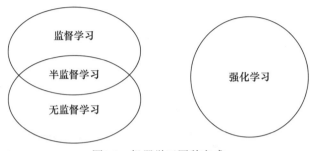

图1-9　机器学习四种方式

2. 深度学习

尽管机器学习赋予了计算机一定的自主学习能力，但其局限性也逐渐暴露。当在处理更复杂的任务时，如图像识别、自然语言处理，传统的机器学习方法往往显得力不从心。这时，深度学习横空出世，带来了革命性的变化。机器学习与深度学习原理对比示意如图1-10所示。

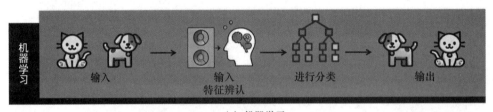

(a) 机器学习

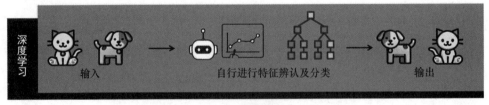

(b) 深度学习

图1-10　机器学习与深度学习原理对比示意

深度学习依托人工神经网络，特别是深度神经网络，这种网络结构通过多个隐藏层的堆叠，使得模型能够学习数据的多层次特征。尤其是卷积神经网络，在图像处理领域展现了无与伦比的效果。它通过卷积层、池化层等组合，自动提取图像中的局部和全局特征，从而实现高精度的图像分类与物体检测。

此外，循环神经网络和其改进版长短期记忆网络在处理时间序列数据和解决自然语言处理任务时表现出色。长短期记忆网络通过其独特的记忆单元机制，有效解决了循环神经网络在处理长时间序列数据时的梯度消失问题，使得模型能够记住长时间序列数据的重要信息。

五、生成式人工智能惊爆全球

1. 生成式人工智能：创意的魔法师

想象一下，一台机器不仅能理解用户给它的数据，还能像魔法师一样从中创造全新的东西，这就是生成式人工智能的魅力所在。与只能做出"是"或"否"判断的传统模型不同，生成式人工智能模型不仅会分析，还能为用户生成新鲜、独特的内容。无论是图像、文字，还是动人的旋律，它都能创造。

2. 生成对抗网络：人工智能的对决之战

你是否曾想过两台机器互相竞争，直到其中一台能完美模仿真实世界的情况？这正是生成对抗网络的核心。自2014年诞生以来，生成对抗网络就像一对终极对手，一个负责"造假"（生成器），另一个负责"打假"（判别器）。通过不断较量，生成器越来越懂得如何生成让判别器难以分辨的高质量内容，从而满足用户需求。

3. 变分自编码器与自回归模型：潜在空间的探索者

（1）变分自编码器的奇妙世界。

变分自编码器犹如一个探险家，可以带我们进入一个未知的潜在空间，重新构建我们所熟知的世界。它不仅能生成图像，还能通过压缩数据揭示其中的深层结构，在图像生成、数据压缩和异常检测方面都展现出非凡的能力。

（2）自回归模型的艺术 。

自回归模型就像是一位艺术家，在创作图像时，遵循一笔一画的节奏，每一个像素的生成都与之前生成的像素紧密相连。它具备生成高质量图像的能力。每一步的预测，都仿佛是在逐帧构建一幅精美的画作，让人赞叹。

4. Transformer与基于Transformer的生成式预训练模型：语言魔法的崛起

（1）Transformer的变革。

Transformer模型让自然语言处理领域焕然一新，它就像一位全能的翻译家，能够精准捕捉语言中的每一个细节。自2017年提出以来，Transformer凭借自注意力机制打破了传统序列模型的限制，大幅提升了处理效率，为构建更复杂、更智能的语言模型铺平了道路。

（2）基于Transformer 的生成式预训练模型的语言奇迹。

基于Transformer 的生成式预训练模型（Generative Pre-trained Transformer，GPT），就像一位才华横溢的作家，经过海量文本的熏陶，能够写出连贯且复杂的自然语言。无论是GPT-2还是GPT-3，甚至最新的GPT-4、GPT-4o它们都展现了前所未有的语言生成能力，成了文本创作、对话系统、代码生成领域的翘楚。

5. 多模态生成与未来畅想：人工智能的无限可能

生成式人工智能正在向多模态生成迈进，犹如一位跨界艺术家，能够融合图像、文本、音频等不同形式的数据，创造出新的内容。从生成与文字描述相匹配的图像，到创作具有特定风格的音乐片段，多模态生成正在改变我们的创作方式，并将在内容创作、影视制作和虚拟现实中开辟新的天地。

第五节　人工智能的主要领域和应用

人工智能作为当代科技的重要领域，正在迅速影响各行各业。人工智能通过模拟和扩展人类智能，解决复杂问题，提高效率，已成为推动社会进步的重要力量。以下是人工智能的主要领域及其应用。

一、计算机视觉

计算机视觉是人工智能的一个分支，旨在让机器能够"看懂"世界。通过处理、分析图像和视频，计算机视觉技术可以进行物体、面部、动作识别，甚至可以理解场景。其应用包括以下几方面。

（1）自动驾驶：通过摄像头和传感器，具有自动驾驶功能的汽车可以识别道路、行人和障碍物，实现自动驾驶。

（2）安防监控：智能监控系统利用人脸识别技术，提高安全防范的能力。

（3）医疗影像分析：辅助医生对X射线、核磁共振等医学影像进行分析，提升诊断准确性。

二、自然语言处理

自然语言处理使计算机能够理解和生成人类语言，是人机交互的重要技术。其应用包括以下几方面。

（1）智能客服：通过聊天机器人，企业可以提供不间断的客户服务，自动解答用户问题。

（2）语言翻译：人工智能驱动的翻译工具，可以实现多语言即时翻译，打破语言障碍。

（3）文本分析：用于情感分析、舆情监控，帮助企业了解用户反馈和市场动向。

三、机器学习与数据分析

机器学习是人工智能的核心技术，基于数据训练模型进行预测和决策，其应用包括以下几方面。

（1）个性化推荐：电子商务（以下简称为电商）平台通过分析用户行为，提供个性化产品推荐，提高用户黏性。

（2）金融风险管理：银行利用机器学习模型进行客户信用评估，监测欺诈行为。

（3）大数据分析：企业通过人工智能分析海量数据，优化业务流程，提高运营效率。

四、机器人技术

机器人技术结合了机械工程和人工智能，使机器人能够执行复杂任务，主要应用包括以下几方面。

（1）工业自动化：人工智能驱动的机器人在制造业中执行精细加工、装配和质检等复杂任务，提高生产效率。

（2）医疗机器人：手术机器人辅助医生进行微创手术，提高手术精度，缩短患者恢复时间。

（3）服务机器人：如扫地机器人、陪伴机器人，为家庭和商业场所提供服务。

五、智能决策系统

智能决策系统通过人工智能模型帮助企业和政府进行复杂决策，应用包括以下几方面。

（1）供应链优化：人工智能可以预测需求变化，优化库存和供应链管理，降低成本。

（2）智能交通管理：通过实时数据分析和预测，优化交通信号控制，减少拥堵。

（3）金融投资：利用人工智能进行市场预测和投资组合管理，提高投资回报率。

人工智能正以其强大的能力改变着各个领域，不仅提高了效率，还创造了全新的应用场景。随着技术的不断进步，人工智能将在未来发挥更大的作用，推动社会向更加智能化的方向发展。

知识巩固

一、单选题

1. 人工智能的主要目标是（　　）。
   A. 替代人类工作　　　　　　　　B. 模拟和增强人类智能
   C. 增加计算机的速度　　　　　　D. 存储更多数据

2. 人工智能是一门（　　）。
   A. 单一学科　　　　　　　　　　B. 跨学科科学
   C. 自然科学　　　　　　　　　　D. 社会科学

3. 弱人工智能的特点是（　　）。
   A. 拥有自我意识　　　　　　　　B. 仅针对特定任务
   C. 超越人类智慧　　　　　　　　D. 完全无法与人类智能相比

4. 强人工智能的最终目标是（　　　）。

    A. 取代所有人类工作　　　　　　　　B. 拥有类似人类的自我意识和智能

    C. 仅限于语音识别　　　　　　　　　D. 解决数学问题

5. 图灵测试的核心思想是（　　　）。

    A. 判断机器的速度　　　　　　　　　B. 检测机器是否具有人类智能

    C. 测试机器的记忆能力　　　　　　　D. 检测数据处理能力

6. （　　　）在1956年提出"人工智能"这一术语。

    A. 图灵　　　　　　　　　　　　　　B. 麦卡锡

    C. 明斯基　　　　　　　　　　　　　D. 香农

7. 在下列应用中，（　　　）是弱人工智能的典型例子。

    A. 自我学习的机器人　　　　　　　　B. 下围棋的AlphaGo

    C. 拥有情感的虚拟人类　　　　　　　D. 拥有自主意识的计算机

8. （　　　）技术支持深度学习在图像处理方面的应用。

    A. 线性回归　　　　　　　　　　　　B. 支持向量机

    C. 卷积神经网络　　　　　　　　　　D. 朴素贝叶斯

9. 专家系统主要依赖（　　　）进行推理。

    A. 用户数据　　　　　　　　　　　　B. 知识库和推理引擎

    C. 图像识别　　　　　　　　　　　　D. 自然语言处理

10. 生成对抗网络的主要特点是（　　　）。

    A. 自我学习　　　　　　　　　　　　B. 生成与判别对抗

    C. 模拟人类行为　　　　　　　　　　D. 解决复杂数学问题

二、问答题

1. 请简述什么是人工智能及其主要研究目标。
2. 人工智能有哪些跨学科的知识应用？
3. 强人工智能与弱人工智能的区别是什么？
4. 图灵测试的意义及核心思想是什么？
5. 专家系统的架构和作用有哪些？

第二章
云计算与物联网

尽管互联网并非万能，但在现代生活中，没有人工智能和互联网的支持也是不可能的。随着网络技术的飞速发展，云计算已被视为科技领域的黄金商机。云计算的商机如图2-1所示。所谓的"云"，其实是"网络"的代名词，隐喻了网络资源的无穷与运算能力的庞大。

云计算，简单来说，就是通过互联网提供的强大而便捷的计算模式，而非依赖本地计算机进行计算。在不远的未来，云计算与人工智能的深度结合将催生出各种创新的应用。"云"不仅仅是日常的储存工具，也不只是如同水电、天然气一般可便捷取用的资源，更是企业实现盈利的重要利器。

图2-1　云计算的商机

近年来，人工智能深入各个领域。当数据被上传至云端，便是人工智能展现其能力的时刻。未来，人工智能的发展将与云端技术的存储和运算能力密切相关，尤其随着5G时代的到来，医疗、教育、交通、娱乐等领域都将迎来颠覆性的创新，这将更大程度地推动人工智能的普及和发展。

5G（第五代移动通信技术）是新的移动网络标准。随着人们对移动网络需求的逐年激增，5G应运而生。5G未来将实现10 Gbps的传输速率。在这样的速度下，下载一部15GB的高清电影只需短短十几秒钟。简而言之，在5G时代，数字通信能力将显著提升，且具备"高速率""低时延""大连接"的特点。

第一节　云计算入门

云计算的兴起并非偶然，而是多种技术与商业应用日益成熟的结果。谷歌是最早提出云计算概念的公司，最初谷歌开发云计算平台是为了将大量廉价的服务器集成起来，以支持其庞大的搜索服务。最简单的云计算技术在网络服务中已经随处可见，例如"搜索引擎""网络邮箱"等，进一步共享的软硬件资源和信息可以按需提供给各类终端和其他设备。

云计算是一种通过互联网提供计算资源的技术，包括存储、处理能力、数据库和网络服务。使用云计算，企业和个人则不再需要拥有和管理实体的计算机硬件，而是可以随需随取地从远程服务器中获取所需的资源。这种按需分配和弹性扩展的特性，使得云计算成为现代信息技术基础架构中的关键组成部分。

在人工智能的发展中，云计算为其提供了强大的基础设施支持。人工智能模型的训练和运行通常需要大量的计算资源和数据处理能力，而云计算恰好可以提供足够的计算能力和大规模数据存储的解决方案，使人工智能能够在更短的时间内完成复杂的训练任务。此外，通过云端，人工智能技术可以更方便地部署在全球范围内，让企业能够随时随地利用其进行决策支持、业务分析和自动化操作。云计算不仅是人工智能的基础设施，更是推动人工智能大规模应用和发展的关键力量。

微软构建了全球最大的云计算网络之一，为全球客户提供了丰富的数据存储选择。Azure是微软开发的云平台，微软在智能云服务领域投入了大量资源，使其能够构建出分析图像、理解语音、利用数据进行预测以及模拟其他人工智能行为的解决方案。此外，微软还为客户提供了使用这些云服务的专属链接。

第二节 云计算技术介绍

对于企业和个人用户而言，云计算如同一座取之不尽的资源宝库，用户只需通过浏览器连接网络，便可随时访问并利用这些强大的计算资源。云计算背后蕴藏的巨大商机，吸引了谷歌、微软、IBM、苹果、阿里巴巴等科技巨头纷纷投入大量资源积极布局。特别是在2020年居家办公期间，云办公需求显著增长，微软云服务的使用量激增。

如今，无论企业规模大小，都已深刻感受到云计算带来的巨大价值。云计算能有今天的成就，归功于多项技术的共同发展，包括多核心处理器的进步、虚拟化软件的普及，以及无处不在的宽带连接。云计算之所以能有效整合计算资源，应对海量的计算需求，关键在于以下两项核心技术。这两项技术使得云计算成为现代企业的基石，推动了数字化转型的浪潮。

1. 分布式计算技术

云计算的基本原理源自网格计算，它利用分布式计算技术创造出庞大的计算资源。与网格计算侧重于整合多个异构平台不同，云计算更注重服务器之间信息传递的协调，使得分布式处理的整体性能更为优越。云计算的主要目标是解决大型计算任务，即将需要大量计算的工作分散到多个计算机上共同处理，从而完成单台计算机无法胜任的任务。

分布式计算是一种基于网络的系统架构，它可以让多台计算机同时参与某些计算任务，或将一个大问题拆分成许多部分，由多台计算机分别进行计算，最终汇总结果。在本地资源有限的情况下，分布式计算通过网络获取远程计算资源，提升整体计算能力。

在云计算的分布式系统架构中，网络资源的共享特性可以为用户提供更强大、丰富的功能，并显著提高系统的计算性能。对于操作系统而言，任何远程资源都如同本地资源一样，用户可以直接访问，并且使用体验如同在操作一台单一的计算机。这种计算需求可以迅速分配给成千上万台服务器执行，然后将结果汇总，最大限度地发挥其计算效率。

例如，谷歌的云服务就是分布式计算的典型案例。谷歌将数以万计的低成本服务器组成庞大的分布式计算架构，通过网络将这些计算机连接起来，并通过管理机制协调所有计算机的运作，以实现高效计算。在云计算架构中，用户只需通过任意连接互联网的设备，就可以在全球任何地方访问所需资源。

2. 虚拟化技术

虚拟机的概念最早出现在20世纪60年代，最初的目的是更有效地利用宝贵的硬件资源。虚拟化技术通过将硬件资源抽象化，使得多重工作负载能够共享同一组资源。根据分割硬件资源和灵活分配的基本原则，虚拟化技术允许一台物理主机同时运行多个操作系统。这是通过在一台物理主机上运行多个虚拟主机来实现的。随着需求的变化和软硬件技术的发展，虚拟化技术逐步演化出多种应用形态，推动了企业对虚拟化技术的研究与应用。

例如，中央处理器的虚拟内存概念允许运行中的程序不必全部加载到主内存中，操作系统可以创造出多任务处理的假象。因此，程序的逻辑地址空间可以大于主内存的物理空间。操作系统将当前程序使用的部分代码段（页）加载到主内存中，而其余部分则存储在辅助存储器（如硬盘）上，这使得程序不再受到物理内存空间的限制。

在云计算中，虚拟化技术通过将服务器、存储空间等计算资源整合，使得原本运行在物理环境中的计算系统或组件，可以在虚拟环境中运行。这样做的主要目的是提高硬件资源的利用率，使得云计算能够整合并动态调整计算资源，根据用户需求迅速提供计算服务，从而充分利用日益强大的硬件资源。因此，虚拟化技术是云计算的重要基础技术之一。

虚拟化技术通过软件将物理设备的异构资源进行虚拟化处理，呈现为虚拟的应用程序、服务器、存储设备和网络。例如，在几分钟内可以在云端创建一台虚拟服务器，每台物理服务器的计算资源都被分配给多个虚拟服务器，并且可以在同一台物理机器上运行多个操作系统，如同时运行Windows和Linux操作系统，这对跨平台开发者非常有利。此外，这些虚拟计算资源可以被统一管理和调度，从而充分发挥服务器的性能，实现云计算的弹性调度理想，灵活分配不同计算级别的虚拟服务器。

第三节　云计算服务模式

云计算被明确划分为三种服务模式，如表2-1所示。

表2-1　云计算三种服务模式

服务模式	软件即服务	平台即服务	基础设施即服务
提供服务	软件	平台	硬件
服务项目	线上应用软件	作业系统 及应用程序 的开发平台	服务 硬件管理 网络管理
服务对象	终端使用者	软件开发工程师	IT管理人员
代表性服务	■ 阿里云企业邮箱 ■ 腾讯企业邮箱	■ 华为云开发者平台 ■ 阿里云云原生应用平台	■ 华为云虚拟私有云 ■ 腾讯云云服务器

一、软件即服务

软件即服务（Software as a Service，SaaS）通常被称为"按需软件"，它是一种通过互联网向用户提供应用程序的服务模式。在这种模式下，用户无须将软件下载到本地设备，不占用本地硬件资源，供应商通过订阅模式将软件和应用程序提供给用户。

二、平台即服务

平台即服务（Platform as a Service，PaaS）是在SaaS之后兴起的一种新型架构，它将一个开发平台作为服务提供给用户，特别是面向软件开发者的服务平台。PaaS为开发人员提供了一个完整的云端开发环境，公司的研发人员可以编写自己的代码，也可以在应用程序中构建新功能。由于软件的开发和运行都基于同一个平台，开发者只需关注所开发的应用程序和服务即可，这大大降低了开发成本和时间。平台供应商会负责其他方面的监控和维护管理工作，使得开发者能够更专注核心业务，将产品更快地推向市场，目前，PaaS市场依然保持高速增长的发展趋势。在我国，提供PaaS服务的平台有阿里云、腾讯云和华为云等。

三、基础设施即服务

基础设施即服务（Infrastructure as a Service，IaaS）是一种由供应商向用户提供访问计算资源的服务模式。传统的基础设施通常与旧式核心应用程序密切相关，因而难以轻易迁移到云计算架构。通过IaaS，用户可以按需租用基础计算资源，如CPU、显卡处理能力、存储空间、网络组件或中间件。这意味着企业无须在业务初期投入大量资金建设硬件设施，而是可以根据实际需求租用资源。例如，亚马逊通过主机托管和开发环境提供IaaS服务，在我国的云计算市场，阿里云、华为云、天翼云、腾讯云占据市场主要份额。这种灵活的服务模式能够帮助企业以较低成本获取计算资源，快速适应业务需求变化。

四、国内市场分析

阿里云面对内外格局的快速变化，坚定公有云发展战略不动摇，在金融、互联网、汽车和人工智能等领域增速显著；华为云注重研发投入，强化解决方案落地能力，将算力和人工智能能力与行业特性结合，为各行各业赋能；腾讯云在音视频、游戏、企业智慧办公、云安全和风控等领域保持较强的市场竞争力。以这些为代表的资深云厂商深耕中国企业的出海需求，助力中国企业走向国际，打造中国公有云出海的新局面。

以天翼云、移动云和联通云为代表的运营商阵营，持续贯彻国家数字化转型战略，发挥自身综合能力优势，云计算市场份额进一步提升。此外，三大运营商均在云计算相关市场加大基础设施投入，在城市中努力打造跨行业、跨社区的云资源共享平台，成为中国城镇云计算微循环建设的主力军。

在大模型等需求的推动下，PaaS市场进入快速增长轨道。结合当前数据治理、数据安全等技术领域的不断升级，使得PaaS市场充满活力，预计未来3—5年内仍将保持高速发展；SaaS市场则受到企业预算、云计算市场标准化成熟度以及创新场景落地能力等因素的较大影响，其发展状况有待市场进一步检验。云计算服务模式结构分析如图2-2所示。

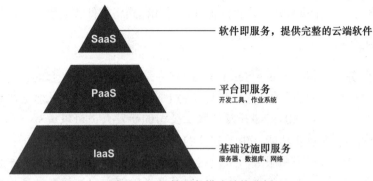

图2-2　云计算服务模式结构分析

此外，互联网、政府、金融等行业的公有云需求基本稳定，存量市场的竞争模式逐渐显现。汽车、教育、电力、能源等行业则是未来公有云增量市场的重点发展方向。

第四节　云计算服务部署模式

如今，越来越多的企业选择投身云计算，以通过更有效地利用IT资源来满足业务需求。即使是规模较小的企业，也可以借助云计算的优势，获取与大企业相当的强大计算资源。云计算根据其服务对象的属性，可以分为面向大众、单一组织和多个组织等不同类型，进而发展出四种云计算部署模式，分别是公有云、私有云、社区云和混合云。

一、公有云

公有云是通过网络和第三方供应商提供的按需计算服务基础设施，由销售云服务的厂商设立，面向大众或大型行业群体。大多数我们熟知的云计算服务都属于公有云模式，通常公有云的价格较为低廉，并通过互联网提供给多个租户共享，任何人都能轻松获取计算资源，其中还包括许多免费的服务。

二、私有云

私有云，与公有云一样，能够为企业提供灵活的服务，但最大的区别在于，私有云是一种完全为特定组织构建的云计算基础设施。它将计算资源专门供组织内部使用，由单一组织负责系统管理。私有云既可以部署在企业内部，也可以部署在企业外部。

三、社区云

社区云由多个组织共同建立，可以由这些组织或第三方厂商进行管理，面向具有共同任务或需求（如安全、法律、制度等）的特定社区，是共享云计算的基础设施。典型的社区云使用者包括学校、非营利机构、医疗机构等，所有社区成员共同使用云端上的数据和应用程序。例如，上海市政府推出的上海社区云，其界面如图2-3所示。

四、混合云

混合云是结合两个或多个独立云计算架构（如私有云、社区云或公有云）的一种较新的概念。混合云使数据和应用程序具备更高的可移植性。用户通常会将非关键性企业信息放在公有云上处理，而关键数据则通过私有云进行处理，以确保数据的安全性和灵活性。

图2-3　上海社区云界面

例如，华住集团采用了混合云架构。该架构融合了公有云和私有云的优势，既可以利用公有云的弹性和灵活性，又能够保证数据的安全性和私密性。在具体实现上，华住集团采用了微服务架构，将业务拆分成多个独立的微服务，每个微服务都可以独立部署和扩展，从而提高了系统的可维护性和可扩展性。其混合云实施分为三个阶段。第一阶段是公有云的建设，主要涉及业务系统的迁移和部署；第二阶段是私有云的建设，主要涉及云计算资源的整合和管理；第三阶段是混合云的建设，主要涉及公有云和私有云的集成和统一管理。在实施过程中，华住酒店集团采用了自动化运维工具和DevOps方法论，提高了系统的可靠性和可维护性。

经过混合云平台的实施，华住集团的业务得到了快速的发展。具体来说，业务的响应速度得到了大幅提升，客户体验得到了明显改善；同时，IT资源的利用率得到了显著提高，降低了企业的运营成本。此外，系统的可靠性和安全性也得到了加强，减少了企业的风险。云计算部署模式比较如表2-2所示。

表2-2 云计算部署模式比较

云计算部署模式	公有云	私有云	混合云
建设者	供应商	■ 供应商 ■ 企业组织	供应商
服务对象	■ 企业组织 ■ 个人	企业组织	企业组织
使用对象	IT管理人员	软件开发工程师	终端使用者
使用成本	低	高	适中
维护成本	低	高	适中
开放程度	开放	封闭	限制
安全程度	低	高	适中

第五节　边缘计算与人工智能

　　传统的云端数据处理通常是在终端设备与云计算之间进行，由于这段距离较远，随着数据量的不断增长，传输时间也会相应延长。特别是当人工智能应用于日常生活时，常常因为网络带宽有限、通信延迟以及网络覆盖不足等问题，面临巨大的挑战。因此，未来人工智能将从过去主流的云计算模式转向大量结合边缘计算的模式，边缘计算示意如图2-4所示。搭载人工智能与边缘计算能力的设备也将成为大多数行业和应用的核心要素。

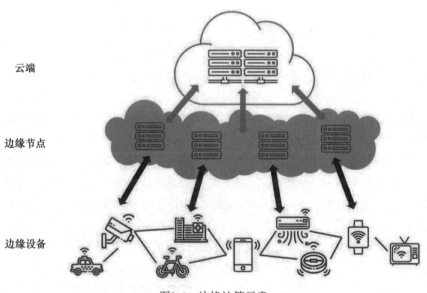

图2-4　边缘计算示意

据估计，在未来几年，70%以上的数据处理工作将不再在云数据中心完成，而是通过靠近用户的边缘计算设备来处理。因为边缘计算能够减少在远程服务器上传输数据所带来的延迟和避免带宽问题，更加高效地应对数据处理需求。

一、边缘计算

边缘计算是一种分布式计算架构，其计算架构如图2-5所示。它使企业应用程序更接近本地的边缘服务器和数据源，数据无须直接上传到云端，而是在贴近数据源之处优先处理，以降低延迟和减少带宽使用。其目的是减少在远程云端执行的计算量，并最大限度地降低异地用户端与服务器之间的通信需求。由于边缘计算将计算点与数据生成点的距离缩短，具备了低延迟的特性，从而使数据无须再传输到远程的云端进行处理。

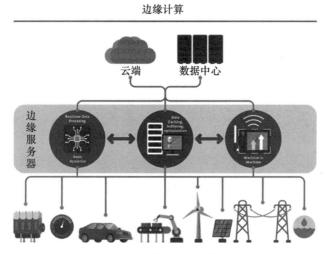

图2-5　边缘计算架构

随着全球移动设备的快速发展，在智能手机普及的今天，各种App都在手机上运行。边缘计算的最大优势在于能够缩短数据与处理器之间的物理距离。例如，在处理数据的过程中，如果将数据传输到在云端环境中运行的App，获取结果的速度必然会慢一些；而如果要降低App在执行时的延迟，就需要将数据传输到邻近的边缘服务器，这样速度和效率会大大提升。如果开发者希望为用户提供更好的使用体验，最好将大部分数据处理工作从App端移至边缘计算中心。

二、无人机与多人电竞游戏

许多分秒必争的人工智能运算作业更需要依赖边缘计算，这些庞大的作业处理无须将任务上传到云端，而是通过本地的边缘人工智能即时做出判断。例如自动驾驶汽车、医疗影像设备、增强现实、虚拟现实、无人机、移动设备、智慧零售等应用，它们最需要低延迟特性来加快现场实时反应，减少在远程服务器上往返传输数据处理所带来的延迟和带宽问题。

以无人机与多人电竞游戏为例，无人机需要人工智能进行实时影像分析和取景，由于要处理高质量影像的低延迟传输与大量图像信息运算，只有通过边缘计算，才能加快无人机人工智能的处理速度。在即将到来的新时代，人工智能边缘计算代表了新的机遇。无人机工作场景如图2-6所示，通过利用边缘计算，无人机可快速取得高质量图像处理与低延迟传输。

图2-6　无人机工作场景

近年来电竞在全球风靡，带来了全新的娱乐形式。无论是手游还是电脑端的多人电竞游戏，大型电竞比赛对高性能、低延迟的运算速度提出了更高要求，同时还要经受住大量影像同时传输的考验，以确保参赛者在公平的基础上进行竞速对战。对于追求极致体验的游戏玩家来说，在瞬息万变、战况激烈的游戏场景中，只要出现一丝操作上的卡顿，可能就会错失击败对手的先机。这时，决定游戏运行是否顺畅、程序能否迅速响应的关键，不仅仅在于用户是否拥有最新的旗舰手机或昂贵的高配主机，还在于边缘计算是否能提供足够的速度感，以满足玩家的需求。因为电竞胜负可能就在0.1 s之间。因此，游戏厂商能否提供边缘计算服务，将直接影响游戏的性能表现，进而关系到用户全年能否畅快地享受游戏的精彩体验。

三、边缘计算产业链

我国的边缘计算产业链已经形成了较为完整的体系，涵盖了底层技术提供商、基础设施供应商、软件及平台提供商、解决方案提供商以及行业垂直应用商等多个环节。这一产业链的构建不仅推动了边缘计算技术的快速发展，也为下游应用的高效运行提供了坚实的支撑。

在产业链的上游，边缘人工智能芯片、边缘服务器、边缘控制器、传感器和网关等硬件设备和技术构成了边缘计算的基础。其中，人工智能芯片作为边缘计算的底层技术提供者，其发展不仅推动了边缘计算技术的进步，还拓展了更多下游应用场景，如自动驾驶和智能制造等。边缘服务器作为数据处理和存储的关键设备，其技术突破和应用扩展直接影响着边缘计算产业的发展潜力。而边缘控制器、传感器和网关等设备，则在边缘计算环境中起着数据收集、传输和初步处理的作用，为后续的数据分析和应用提供了重要支持。

第六节 物联网的未来发展

随着人们通过网络的互动日益增多，万物互联的时代已经快速到来。物联网正是近年来信息产业中备受关注的热门话题。

物联网的核心理念是通过网络将各种物理设备、传感器和系统连接起来，实现信息的实时共享与智能化控制。这种连接不仅限于家电和智能家居，还涵盖了工业制造、交通运输、医疗健康、农业管理等众多领域。随着5G技术的普及和人工智能的发展，物联网的应用场景将更加广泛和深入。例如，智慧城市可以通过物联网技术实现对能源、交通、环境的高效管理；智能工厂则能依托物联网实现生产过程的自动化与精细化管理。

物联网的发展前景广阔，不仅将改变我们的生活方式，还将深刻影响各行各业的运营模式。我国作为全球物联网发展的重要市场，正积极推动物联网技术的创新与应用，政府和企业都在大力投资建设物联网基础设施，以抢占未来产业发展的制高点。面对物联网带来的机遇与挑战，抓住这个时代浪潮，对于企业和社会来说都至关重要。

一、物联网的概念

简单来说，能上网的智能手机可以将人通过互联网连接起来；而物联网，顾名思义，则是通过互联网，将物也就是各种装置和设备连接在一起。

物联网是指通过各种传感设备，实时采集任何需要监控、连接和互动的物体或过程的各种信息，并与互联网结合形成的一个超大型网络。其目的是实现物与物、物与人，所有物体与互联网的连接，方便物体识别、管理和控制。

物联网是近年来信息产业中备受关注的热门话题。实际上，物联网是通过将各种具有传感技术（如无线射频识别技术、蓝牙4.0技术等）的物品与互联网结合，形成一个庞大的网络系统。在这个系统中，全球所有的物品都可以通过网络主动交换信息。越来越多的日常物品也可以通过互联网连接到云端，通过互联网技术让各种实体物件和自动化设备之间实现通信与信息交换。

二、物联网的关键技术

1. 无线射频识别技术

无线射频识别技术是一种自动无线识别和数据获取技术，通过射频信号进行数据的无线传输与接收。它广泛应用于物联网中，用于对物品的识别和跟踪。

2. 蓝牙4.0技术

蓝牙4.0技术主要支持"点对点"和"点对多点"的连接方式，包含经典蓝牙和低功耗蓝牙两种模式。经典蓝牙的传输速率最高可达24 Mbps，而低功耗蓝牙的传输速率为1 Mbps。蓝牙4.0的典型传输距离为10米（空旷环境下可达30米）。蓝牙4.0引入的低功耗蓝牙技术使其成为物联网时代低功耗、短距离通信设备的理想选择。

三、物联网的架构

物联网的运作机制可以概念性地分为三个层次架构，由底层至上层依次为感知层、网络层和应用层。

1. 感知层

感知层是物联网的基础，主要负责识别、感知和控制物联网终端物体的各种状态，并对不同的场景进行监测与控制。感知层包括传感技术和识别技术，利用各种有线或无线传感器来构建传感网络。传感器通过转换组件将物理信号转化为电子信号，再通过传感网络将这些信息采集并传递到网络层。感知层的典型设备包括无线射频电子标签、摄像头、温湿度传感器等，用于实时获取物体的状态信息。

2. 网络层

网络层是物联网中数据传输的关键环节，负责将感知层收集的数据通过有线或无线网络传递至应用层。随着网络技术的进步，网络层可以承载越来越多的数据流量，并支持将感知层采集的数据传输至云端或边缘计算节点，或直接采取相应的控制动作。网络层的构建依赖于高速宽带、4G/5G移动通信、Wi-Fi、蓝牙等技术，可确保数据传输的及时性和可靠性。

3. 应用层

应用层是物联网的最上层，负责将网络层传输的数据进行处理，并将这些数据应用到不同的行业中，实现技术融合与信息共享。应用层将各类组件和子系统接入互联网，并进行重新整合，以满足物联网在各行业中的应用需求。这一层涵盖了广泛的应用领域，如能源管理、交通监测、环境监测、工业应用等。应用层不仅促成了物联网技术在各行各业的广泛应用，还推动了新型应用服务的不断涌现，为行业提供了智能化的解决方案。

物联网系统架构如图2-7所示，这三层架构相互协作，共同构建了一个从数据采集到数据传输再到数据应用的完整生态系统，推动了物联网的广泛应用和快速发展。

图2-7　物联网系统架构

四、智能物联网

现代人的生活正在逐渐进入一个"始终在线"的时代，物联网的快速发展推动了各行各业的进步。不仅可以进行数据的采集和分析，还能够及时反馈进行各种控制，这对未来人类生活的便利性将产生深远影响。人工智能与物联网的结合，即智能物联网将成为未来电商产业最热门的趋势之一。随着技术的不断发展，电商面临着大量的商业挑战和机遇，智能物联网将通过智能设备深入了解用户的日常行为，辅助消费者进行产品选择或提出购物建议，并将这些行为数据转化为实际的商业价值。未来智能物联网的发展方向如图2-8所示。

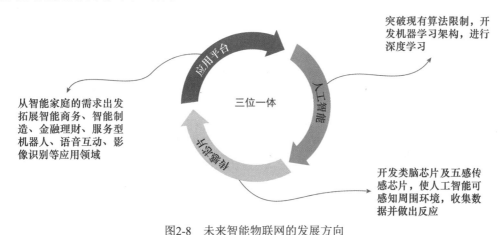

图2-8　未来智能物联网的发展方向

物联网提供的多功能智能化服务被视为驱动电商产业链创新的重要力量，特别是在物联网时代，电商与消费者生活更加紧密地结合在一起。如今，手机、冰箱、桌子、咖啡机、体重秤、手表、空调等设备正变得"有意识"且更加智能。随着5G基础设施和云计算技术的引入，现代产业的转型速度将进一步加快。

近年来，由于网络带宽和硬件设施的普及，以及移动互联网的日益便利，网络逐渐深入我们生活的各个角落。信息科技与家电的结合也是电商产业未来发展的趋势之一。科技不仅源于人性，还需及时回应人性。所谓"信息家电"，是电脑、通信、消费性电子产品领域的融合，今后这些设备将更加符合人性化操作，能够自主学习，并结合云端应用进行发展。用户在家中只需通过智能电视，就能随时上网点播影视节目，或登录社交网络即可分享观看心得。

智能家电的出现为我们的生活带来了前所未有的便利，许多品牌从体验营销的角度出发，纷纷推出相关产品。例如，智慧家庭利用互联网、物联网、云计算、人工智能终端设备等，将所有家电整合在智能家庭网络中。用户可以通过智能手机实现个性化操控，甚至进一步进行能源管理。

例如，智能冰箱具备食材管理、App下载等多项智能功能。用户只需输入每样食材的保鲜日期，当食材接近过期时，冰箱会自动发出提醒。未来，若能通过网络连接及时推送相关营销信息，用户就可以直接在线下单购买食材。这些智能化功能不仅提升了生活的便利性，还为电商和物联网产业带来了新的商业模式和机会。

知识巩固

一、单选题

1. 云计算的主要特点之一是（ ）。
   A. 本地存储   B. 按需分配和弹性扩展
   C. 高延迟   D. 仅支持单一设备

2. （ ）最早提出云计算概念。
   A. 微软   B. 苹果
   C. 谷歌   D. IBM

3. 分布式计算的主要目的是（ ）。
   A. 减少网络速度   B. 单台计算机承担所有计算
   C. 解决大型计算任务   D. 存储更多数据

4. 虚拟化技术的主要优势是（ ）。
   A. 提高硬件资源的利用率   B. 增加网络延迟
   C. 单台主机只执行单个系统   D. 减少网络流量

5. （ ）服务模式是平台即服务。
   A. IaaS   B. SaaS
   C. PaaS   D. 5G

6. 5G技术的特点不包括（　　　）。

    A. 高速率   B. 低时延

    C. 高功耗   D. 大连接

7. 社区云主要针对（　　　）。

    A. 所有企业   B. 个人用户

    C. 特定社区成员   D. 随机用户

8. （　　　）技术可以提高边缘计算的数据处理速度。

    A. 分布式系统   B. 云端硬盘

    C. 虚拟内存   D. 无线射频识别

9. 物联网的感知层主要负责（　　　）。

    A. 数据分析   B. 数据传输

    C. 监测物体状态   D. 提供网络服务

10. （　　　）属于智能物联网的应用。

    A. 增强现实   B. 智能家居管理

    C. 电影编辑   D. 财务报表生成

二、问答题

1. 简述云计算的主要特点及其优势。

2. 分布式计算与云计算之间的关系是什么？

3. 虚拟化技术如何提高资源利用率？请简述其应用。

4. 5G技术对物联网发展有何重要意义？

5. 物联网架构的三层次分别是什么？请说明各层的作用。

第三章
大数据与相关技术

第一节　大数据概述

　　大数据时代的到来彻底颠覆了人们的生活方式，继云计算之后，大数据已经成为学术界和科技行业中最热门的前沿领域。自2010年起，全球数据量已进入泽字节时代，并且飞速增长。面对不断扩张的巨大数据量，大数据正以惊人的速度被创造出来，为各行各业的运营模式带来了全新的机遇。特别是在移动设备迅猛发展的背景下，全球使用移动设备的人口数量已经开始超越台式机用户。一部智能手机的背后代表着独一无二的个人数据。大数据的应用已经悄然融入了我们生活的方方面面，并且日益普及。例如，通过实时收集用户的位置和速度数据，经过大数据分析，高德地图和百度地图能够快速、精准地为用户提供实时交通信息，这极大地提升了用户的出行效率和便捷性。

　　随着大数据技术的不断发展，各行业纷纷抓住这一机遇，借助大数据来优化运营模式、提升用户体验并推动创新。例如，电商企业通过分析用户的购买习惯和浏览行为，能够精准推荐商品；医疗行业利用大数据分析患者的健康数据，能提升诊疗的准确性和效率。

　　大数据正以其强大的力量，深刻改变着人们的生活方式和各行业的运作模式。在未来的日子里，随着大数据技术的进一步成熟和普及，它将继续为社会带来更多的创新与变革。

一、大数据简介

在大数据话题日益火热的时代背景下，要真正实现数据的价值，不能仅停留在讨论大数据的层面。阿里巴巴和腾讯等科技巨头的迅速崛起，其大部分成就都与大数据密切相关。因为数据量越大，人工智能的学习能力越强，推理和决策的精度也越高。简单来说，数据依然是推动下一次技术革命的重要命题。大数据就像人工智能的根基，是其发展不可或缺的要素。掌握了大数据，未来人工智能的应用场景和影响力将更加广泛和深入。

特别是在当今时代，人工智能为经济发展注入了一种全新的动力，而大数据则是这一切的幕后功臣。我们可以这样形容：大数据是海量数据存储与分析的平台，而人工智能则是对这些数据进行增值分析的最佳工具和手段。

大数据和人工智能的融合，推动了精准营销、智能制造和智慧城市等各个领域的创新与发展。通过大数据平台，人工智能能够更好地挖掘数据背后的价值，为各行各业提供更有针对性的解决方案。随着数据量的不断增加和人工智能技术的进步，大数据将继续在数字经济中扮演至关重要的角色，并为未来的发展提供强有力的支持。

大数据不仅是人工智能发展的基础，也是未来科技发展的关键推动力。在未来的日子里，掌握和利用好大数据，将是企业和社会迈向智能化、数字化的关键。

二、数据科学与大数据

大数据的发展正在推动全球的创新与变革，未来数据的重要性将愈加显著，渗透到我们生活的方方面面，并驱动数据科学应用的广泛需求。

数据科学是一个跨学科的研究领域，涵盖统计学、计算机科学等多个学科。它的核心目标是通过分析和处理大数据，尤其是结构化和非结构化数据，帮助企业和组织从中发现隐藏的规律和模式，以支持决策和发掘商业机会。

数据的真正价值在于，经过一系列处理和分析，最终形成可操作的知识和见解。早在20世纪90年代，有一个传闻，某全球零售业巨头利用数据分析技术，从购物数据中挖掘出了一个出人意料的关联：购买尿布的顾客群体中，有相当一部分顾客 也会购买啤酒。这一发现被称为"啤酒和尿布现象"，并引发了业界对数据挖掘技术的广泛关注。据说，受此启发，有零售商调整了商品摆放策略，将尿布和啤酒相邻摆放，并推出了相关的促销活动，从而成功提升了这两类商品的销售额。

然而，这个故事的真实性却存疑。有教授对这个故事进行了深入的追踪研究。他发现，故事的源头可能追溯到一位数据分析专家。这位专家的团队为一家大型超市进行了数据分析，研究了该超市多家门店的数百万笔交易记录。他宣称，他们的团队发现每天傍晚，消费者经常同时购买尿布和啤酒。然而，尽管这一发现引起了超市管理层的兴趣，但他们最终并未因此而在店内做出任何实质性的商品摆放调整。

随着时间推移，这个故事被不断传播并演变。几年后，参与过该项目的另一位研究员表示，实际上团队内部对这一发现并没有一致的看法。该教授在总结时指出，这个故事很可能只是这位专家为推广其数据分析技术而创造的营销噱头。啤酒和尿布这两个物品之间的强烈对比，使得这个故事很容易吸引公众的注意力，并成了宣传数据分析技术的一个经典案例。尽管事实可能并非完全如此，但数据分析技术本身的潜力和影响力确实是毋庸置疑的。

长期以来，企业的经营往往依赖人的决策，这也导致了很多决策结果不如预期。大数据不仅仅是数据处理工具，更成为现代企业思维和商业模式的重要组成部分。大数据揭示的是一种数据经济，它可能蕴藏着前所未见的知识和商机，等待我们去发掘。大数据分析在商业决策中存在巨大价值，因为利用大数据可以更精确地把握数据的本质和信息。

例如，大数据技术推动了数字营销行业的精细化发展，企业能够从数据分析中获取、更新更有价值的商业信息。大数据技术彻底改变了数字营销的游戏规则，不仅能够创造高流量，还可以将客户行为数据化，从而在正确的时间、地点、渠道精准吸引目标客户。企业可以更准确地判断客户需求，了解客户行为，从而制定出更具市场竞争力的营销策略。

如今，数据科学在我国的各个行业中都得到了广泛应用，从电商、金融服务到智慧城市建设，各行各业都在利用大数据分析技术来优化决策和提升效率。例如，抖音的广告背后就隐藏着大数据技术。随着数据量的指数级增长，数据科学将继续在更广泛的领域中发挥重要作用，成为驱动未来发展的核心动力之一。

三、大数据的特点

大数据的来源种类繁多，格式也越来越复杂。要对数据进行分类，最简单的方法就是将其分为结构化数据和非结构化数据。那么，什么样的数据才算是大数据呢？

客观而言，关于数据量达到何种具体数值才能算作"大数据"，目前还没有一个准确的定论。不过，如果数据量不大，能够使用普通电脑和常用软件处理，那么就不需要大数据的专业技术。换句话说，只有当数据量庞大并且有时效性要求时，才适合应用大数据技术进行处理。

延伸学习

结构化数据：这类数据的分析目标明确，有一定的规则可循；每条数据都有固定的字段和格式，通常用于一些日常且重复性的工作，包括财务记录、员工考勤、进出库记录等。

非结构化数据：这类数据的分析目标不明确，无法量化或定性，数据格式不固定，难以处理，例如社交网络的互动数据、互联网文件、音视频、网络搜索索引、用户本地终端记录、医疗记录等。

四、大数据的基本特性

大数据涵盖的范围非常广泛，许多专家对大数据的定义各有不同。根据计算机科学的定义，大数据是指具有数量巨大（无统一标准，一般认为在太字节或拍字节以上），类型多样（既包括数值型数据，也包括文字、图形、图像、音频、视频等非数值型数据），处理时效短，数据源可靠性保证度低等综合属性的海量数据集合。它具有以下四个基本特性，如图3-1所示。

1. 巨量性

现代社会每分每秒都在生成海量数据，过去的技术无法短时、快速处理。数据量的单位可以从太字节到拍字节及以上。

2. 速度性

由于用户每秒钟都在产生大量数据，数据的更新速度非常快，时效性成为一个关键问题。数据的实时处理和快速反应是大数据应用成功的关键。许多数据只有在实时处理时才能最大限度地发挥价值，否则就会错失商机。

3. 多样性

大数据技术彻底解决了企业难以处理的非结构化数据问题，如网页中的文字、图片、用户行为、客服通话记录等。数据来源多样，种类繁多。大数据的难点在于跨数据类型的分析，寻找不同数据间的关联性，比如分析企业的销售、库存数据，网站的用户行为数据，社交媒体上的文字和图片等。

4. 真实性

随着大数据的大量应用和存储成本的下降，数据的真实性成了大数据的第四个重要特性。在竞争激烈、快速变化的商业环境中，获取准确的数据至关重要。为了利用大数据创造价值，必须确保数据的真实性，防止错误数据对系统的完整性和准确性造成影响。因此，数据的真实性是大数据分析的基础，也是企业面临的一大挑战。

总的来说，大数据的核心就在于如何从巨量、多样且快速更新的数据中，提取出真实且有价值的信息，帮助企业做出更精准的决策。

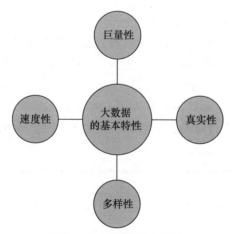

图3-1 大数据的基本特性

五、数据仓库

数据科学领域涵盖了许多数据研究和分析的方法，如数据仓库和数据挖掘。这些方法主要集中于研究数据的存储方式和关联性。随着大数据的兴起，企业中积累的相关数据量急剧增加，由于数据量巨大且生成速度快，促使我们不断开发新一代的数据存储设备和技术。如果没有适当的管理技术，这些数据可能会造成信息泛滥和滥用。为了有效管理和利用这些信息，许多企业纷纷建立数据仓储模式，以收集信息支持管理决策。

数据仓库的概念由美国计算机科学家恩门在20世纪90年代首次提出，它是一种以分析和查询为目的的系统，旨在整合企业内部数据，并结合各种外部数据，通过适当的组织和安排，建立一个数据存储库，使操作性数据能够以现有格式进行分析处理，从而让企业管理者系统化地组织已收集的数据。

对于企业而言，数据仓库是一种整合性的数据存储体，通常包含大量的历史记录数据，能够适当组合和管理不同来源的数据，既具有效率又具有灵活性，为商业分析和报告提供集中化的数据来源。尽管数据仓库与普通数据库都用于存储数据，但其存储架构有所不同。传统上，数据仓库强调"数据集中存储"，但在云计算和大数据时代，更加强调"分散运用"，需要具备处理和存储非结构化数据的能力。面对数据科学的应用压力，两者的整合或交叉使用势在必行。

数据仓库还可以通过引入人工智能的混合数据基础设施，深入洞察客户决策和组织运营。例如，企业或商家在建立顾客忠诚度时，必须首先建立长期的顾客关系，而维持顾客关系的方式之一就是构建一个顾客数据仓库，作为支持决策的分析型数据库。利用大规模并行处理技术，将来自不同系统的运营数据进行适当组合和汇总分析，通常可以使用在线分析处理工具建立多维数据库。这种数据库有点类似于电子表格，通过整合各种数据类型，能够从大量历史数据中统计和挖掘出有价值的信息，从而帮助企业有效管理和组织数据，支持决策制定。

延伸学习

在线分析处理工具可以被视为多维数据分析工具的集合。用户可以在线完成对多维度数据（如数据仓库）的关联性分析，并能实时快速地提供整合性的决策支持。其主要目的是通过提供整合后的信息支持企业的决策制定。

六、数据挖掘

每个人的生活中都充满着各种各样的数据，从生日、性别、学历、经历、居住地等基本信息，到薪酬收入、账单、消费收据、感兴趣的品牌等，这些数据如山般堆积，就像一座等待开采的金矿。数据挖掘可以看作是从数据库中发现知识的一种工具。数据必须经过处理、分析和开发，才能成为最终有价值的产品。简单来说，数据挖掘就像是在大数据中寻找金矿的技术。在数字化时代，尽管数据泛滥，但未经加工处理和提取分析的数据，其本身的价值都处于尚未被开发和确定的状态。

数据挖掘可以从大型数据库中提取出隐藏在其中的关联性信息，主要通过自动化或半自动化的方法，从大量数据中挖掘、分析和提取有用的知识，将数据转化为知识。数据挖掘技术被广泛应用于各行各业，现代商业和科学领域都有许多相关的应用。其最终目的是从数据中挖掘出用户想要的信息或意外的收获。

例如，数据挖掘是整个客户关系管理系统的核心，它可以分析从数据仓库中收集的用户行为数据。数据挖掘技术通常与其他工具搭配使用，如统计学或其他分析技术，以更深入地分析现有数据库中的大量数据，发掘隐藏在庞大数据中的可用信息，找出客户行为模式，并利用这些模式进行市场细分和营销。

延伸学习

客户关系管理是指企业运用完整的资源，以客户为中心，使企业具备更完善的客户交流能力，通过所有渠道与客户互动，并为客户提供优质服务。客户关系管理不仅仅是一个概念，更是一种以客户为导向的运营策略。

国内外有许多数据挖掘成功的案例，例如零售业者可以通过数据挖掘更快速有效地确定进货量或库存量。数据仓库与数据挖掘的结合可以帮助客户建立决策支持系统，以便从大量数据中快速有效地分析出有价值的信息，帮助客户构建商业智能和制定决策。

延伸学习

商业智能是企业决策者作出决策的重要依据，属于数据管理技术的一个领域。商业智能一词最早是在1989年由美国加特纳集团的分析师德雷斯纳提出的，主要是利用在线分析处理工具和数据挖掘技术来提取、整合和分析企业内部与外部各信息系统的数据，将各个独立系统的信息紧密整合在同一个分析平台上，进而转化为有效的知识。

第二节　大数据相关技术

大数据是当前极具研究价值的课题，也是一个国家竞争力的象征。大数据技术涵盖的层面非常广泛，不仅涉及数据分析，还包括数据的存储与备份，以及对获取的数据进行有效处理。否则，这些数据将无法用于社交网络行为分析，也无法为企业提供分析支持。

在大数据时代，随着数据量的不断增长，大型互联网公司的用户数量呈现爆炸式增长，企业对数据分析和存储能力的需求也大幅上升。为此，知名互联网技术公司纷纷投入大数据技术的研发，使大数据技术成为顶尖技术的标志。通过洞察未来趋势，获取源源不断的大数据创新养分，使大数据成了众人瞩目的焦点。

一、Hadoop

随着分析技术的不断进步，许多网络营销、零售业、半导体行业也开始使用大数据分析工具。如今，只要提到大数据，就不能忽略关键技术Hadoop。之所以如此，是因为传统的文件系统已无法应对互联网快速爆炸增长的大量数据需求。Hadoop源自Apache软件基金会旗下的开源项目。Hadoop官网如图3-2所示。它是一款基于MapReduce编程模型和分布式文件系统的软件框架，专为应对云计算和大数据的存储与处理需求而开发，能高效处理并行应用程序。

Hadoop主要使用Java语言编写，并免费开放源代码，主要用于存储、处理和分析大数据。它具有低成本、灵活扩展性、快速程序部署和容错能力强等特点，为企业提供了全新的数据存储和处理方式，同时能够有效分散系统负荷，使企业能够快速存储大量结构化或非结构化数据。与今天的关系型数据库管理系统相比，Hadoop能够处理更大规模的数据，具有高可用性、高扩展性、高效率和高容错性等优点。

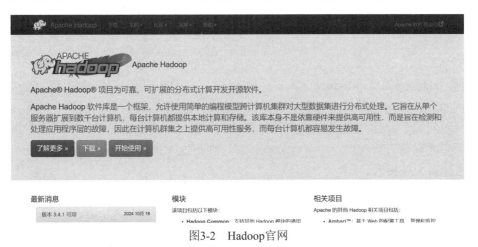

图3-2　Hadoop官网

Hadoop提供的分布式数据存储系统得到了广泛认可，能够自动存储多份副本，并在任务失败时自动重新分配任务。同时，Hadoop还提供了名为MapReduce的并行计算处理框架，因此，Hadoop迅速成为大数据技术领域最热门的话题之一，发展非常迅猛，俨然成为非结构化数据处理的标准，彻底颠覆了整个行业的面貌。

基于Hadoop处理大数据的种种优势，例如Facebook、谷歌、X（前称Twitter）、雅虎等科技巨头企业，都选择Hadoop技术来处理其内部的大量数据。甚至全球最大的连锁超市沃尔玛和跨国拍卖网站eBay也采用Hadoop来分析顾客的商品搜索行为，从中挖掘出更多商机，国内企业包含中国移动、百度、阿里巴巴、腾讯、奇虎360、华为等的数据库，也都采用Hadoop处理大数据。

二、Spark

近年来迅速崛起的Spark，是由加利福尼亚大学伯克利分校的AMP实验室开发的并行计算框架。Spark官网如图3-3所示。它目前是大数据领域最受瞩目的开源项目之一。Spark非常容易上手使用，用户可以快速构建算法和大数据模型。目前，许多企业也纷纷转向使用Spark作为更高级的分析工具，Spark也被广泛看好，成为新一代大数据流处理平台的热门选择。

图3-3　Spark官网

众所周知，在大数据处理过程中，速度至关重要。为了能够处理拍字节级别以上的数据，Hadoop的MapReduce计算平台得到了广泛应用，但它仍有许多可以改进的地方。例如，Hadoop在计算时需要将中间产生的数据存储在硬盘中，因此会出现读写数据的延迟问题。Spark则使用了内存计算技术，大幅减少了数据移动，可以在数据尚未写入硬盘之前就直接在内存中进行分析计算，使得原本使用Hadoop来处理和分析数据的系统速度大幅提升。

Spark是一套与Hadoop兼容的解决方案，继承了Hadoop的优点，同时Spark也提供了更为完整的功能，可以更有效地支持多种类型的计算。IBM将Spark视为未来主流的大数据分析技术，不仅因为Spark比Hadoop快得多，还因为它提供了灵活的"弹性分布式数据集"，可以驻留在内存中，直接读取内存中的数据。Spark拥有丰富的应用程序编程接口，提供对Hadoop存储应用程序编程接口的支持，能够兼容Hadoop的分布式存储系统，并支持其他存储系统。Spark使用的原生编程语言是Scala，同时支持Java、Python等，开发者可以直接使用Scala，也可以根据应用环境使用其他语言来开发Spark应用程序。

Spark现在已经成为许多企业和技术人员喜爱的大数据分析框架。许多跨国大型互联网服务公司如X、eBay、Uber、Netflix等都是Spark的用户，甚至在汽车行业中，如丰田也使用Spark进行数据分析。

在游戏领域，Spark能够从实时的潜在游戏事件中迅速挖掘出有价值的模式，从而创造巨大的商业利益，比如分析用户的留存率、制定定向广告策略以及自动调整游戏的难度等。

在电商领域，实时交易数据可以被传递到K均值算法或协同过滤算法中。然后，这些运算结果会与客户评论等非结构化数据结合，用于不断优化交易模式，以适应新趋势的发展。

在金融或证券领域，Spark堆栈技术可以应用于信用欺诈和风险控制系统。通过获取大量的历史数据、其他泄露数据以及一些连接、请求信息（如IP信息或时间信息），可以生成非常精准的模型结果。

第三节　从大数据到人工智能案例

2015年，阿里巴巴创始人马云在德国汉诺威IT博览会开幕式上曾宣告：未来的世界，将不再由石油驱动，而是由数据驱动。在国内外，许多拥有海量用户数据的企业，如Facebook、谷歌、X、雅虎，以及我国的阿里巴巴、腾讯、百度等科技巨头，都已经感受到了这股如海啸般席卷而来的大数据浪潮。

我们可以将大数据形容为数据的金流，掌握大数据就如同掌握了金流。大数据的应用范围非常广泛，在我们的生活中，许多重要问题都需要依靠大数据来解决。

一、智慧叫车服务

滴滴出行是我国规模最大的网约车平台，通过全球定位系统与智能载客平台，全天候掌握车辆状况，并充分利用大数据与人工智能技术，将实时的乘车需求精准推送给司机，使司机能够更好地满足乘客需求，从而降低空驶率并提高接单率。滴滴出行通过大数据分析，结合当天的天气、时空场景以及外部事件，精准推荐司机前往客流量较高的区域载客。这是通过人工智能分析乘客的历史乘车时间与地点的大数据，预测未来特定时间、特定地点的乘车需求，从而优化和洞察乘客的真正需求，使乘客打车更加便捷，向乘客提供最合适的产品和服务。

二、智慧精准营销

大数据是智慧零售中不可忽视的关键需求，当大数据与精准营销相结合，将成为最具革命性的数字营销大趋势。消费者不再只是被动的接受者，他们逐渐成为市场的真正主人，而企业主导市场的时代已经一去不复返。营销人员可以通过大数据分析，将客户的反馈转化为改进产品或设计营销活动的参考，从而深化品牌忠诚度，甚至挖掘用户潜在需求。

在大数据的帮助下，消费者画像变得更加全面和立体，如使用行为、地理位置、商品偏好、消费习惯等都能被记录和分析，这样企业可以更清晰地描绘出客户的特征，并制定更精准的营销策略，找到潜在消费者。同时，营销人员可以更全面地了解消费者，从传统的广撒网式营销转向精准化的个性化营销，洞察消费者最迫切的需求，深入了解消费者以及他们真正想要的东西。

以我国在线视频平台爱奇艺为例，爱奇艺长期对节目进行分析，通过对观众观看习惯的了解，结合大数据和人工智能技术分析用户的移动设备行为。借助大数据与人工智能分析的推荐引擎，不需要先将影片内容播放后再根据客户的反应来判断其喜好，而是通过个性化推荐，将不同但更合适的内容精准推送到各个客户面前，客户大概率会选择爱奇艺推荐的影片，这不仅帮助爱奇艺节省了大量营销成本，还能开发出更多元化和更具长尾效应的内容。爱奇艺推荐界面如图3-4所示。

图3-4　爱奇艺推荐界面

延伸学习

　　由于网络科技带动下的全球化效应，美国知名主编安德森于2004年首次提出了长尾效应的概念，颠覆了传统以畅销品为销售主流的观念。过去一直不被重视、在统计图上如尾巴般的小众商品，由于全球化市场的到来，这些小市场汇聚后形成的市场能量可能会成为出人意料的大商机，足以与最畅销的热卖品匹敌。

　　在移动化时代，消费者与商家之间的互动变得更加频繁，同时也让消费者在购物过程中愈发缺乏耐心。为了提供更优质的个性化购物体验，拼多多在追踪消费者使用行为方面也不遗余力。拼多多利用客户大数据，尽可能地追踪消费者在平台上的一切行为，通过大数据分析，为消费者推荐他们真正想购买的商品，确保为消费者提供个性化的推荐，优化价格，精准锁定目标客群。

　　如果你曾在拼多多购物，一开始就会看到一些看似随机的推荐商品，这是因为拼多多会根据客户浏览的商品，从已建构的大数据库中找出所有浏览过该商品的客户，列出这些客户还浏览过哪些商品，为其他客户生成一份推荐清单。拼多多推荐界面如图3-5所示。通过这份推荐清单，客户可以更快做出购买决定，从而拉近客户与商家之间的距离。

　　京东推出了会员订阅服务，客户加入京东会员后即可享受专属的会员福利，其中最直接的是免费快速配送服务。京东会员通常可以在两天内收到在平台上下单的商品。借助大数据和人工智能技术，京东可以提前分析出各地区客户的购物偏好与购买频率，当客户在网上下单后，商品会立即从离客户最近的仓库发货。如果客户不是京东会员，若急于拿到商品，那么就需要支付较高的运费。京东界面如图3-6所示。

图3-5　拼多多推荐界面

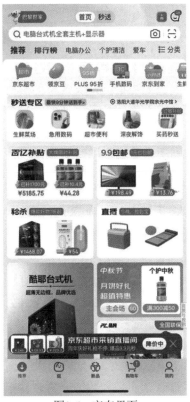

图3-6　京东界面

三、游戏

　　游戏产业的发展日益受到关注，在这个竞争激烈的行业中，无论是网络游戏还是手游，在上线后几周内，如果不能挤进权威游戏排行榜前十名，那么基本上就难以获得成功。游戏开发者已经不能再像传统那样凭借直觉和个人喜好来设计游戏，他们需要更多、更精准的数据来了解玩家的需求。这些数据不仅仅是数字，更是围绕玩家喜好收集的大数据。大数据的优势在于，它让开发者能够洞察玩家的使用习惯，因为玩家的每一次搜索、操作、交易，甚至每一次敲击键盘、单击鼠标的动作，都是大数据的一部分，系统会时刻收集这些由玩家产生的数据，从已构建的大数据库中将这些信息整理并分析排名。

　　近年来非常火爆的游戏《英雄联盟》是一款免费的多人在线游戏，其开发商拳头游戏非常重视大数据分析，它的目标是成为世界上最了解玩家的游戏公司。拳头游戏依靠的是收集以玩家喜好为核心的大数据，掌握全球各地服务器每天产生的海量玩家数据。通过网络连接，实时监测全球所有玩家在比赛中进行的每一次搜索、操作、交易，以及每一次敲击键盘和单击鼠标的动作，并将这些信息整理到大数据库中进行分析排名。

　　游戏市场的特点是玩家的需求极为强烈，而竞争也异常激烈。数据分析在这个行业中扮演着至关重要的角色，电竞产业的设计人员正在努力扩大大数据的应用范围。

数字不仅仅是数字，这些"英雄"（游戏角色）的设置各有不同的数据属性，玩家的偏好也各不相同。开发者必须了解玩家心中的优先级，一旦发现某个英雄过强或过弱，设计人员就能立即调整相关数据，保持游戏的平衡性，从而进一步提升玩家的参与度。

不同的英雄会搭配各种数据进行平衡。设计人员希望让每场比赛尽可能接近公平，因此他们会根据玩家认定的英雄重要程度进行排序，创造势均力敌的比赛环境，并在此基础上设计最受欢迎的英雄角色。找到那些未能满足玩家需求的英雄类型，是创造新英雄的第一步。这样的做法真正为游戏提供了公平又细致的竞争条件。拳头游戏懂得利用大数据来随时调整游戏情境与平衡度，从而创造出能满足大多数玩家需求的英雄，这也是《英雄联盟》能成为当前最受欢迎游戏的重要原因之一。

四、提升用户购物体验

随着消费市场竞争日益激烈，品牌种类不断增多，大数据分析成为企业成功迈向零售4.0的关键。移动思维的转变意味着移动设备如今已成为用户消费体验的核心。大数据分析不仅是对数据的分析，更重要的是，从数据中挖掘企业未来的营销机会。这些大量且多样化的数据，一旦经过分析并应用于用户关系管理，就能帮助企业针对用户的需求，全面提升其购物体验。

大数据在汽车行业中也是不可或缺的元素，在物联网的支持下，未来将顺应精准维修的趋势。例如，通过应用大数据分析来辅助预防性维修，以后客户不再需要定期将汽车送修，而是大数据分析软件根据其使用状况，提前预测潜在的故障，并检测保修期内的维修节点，提供最合适的进厂维修时间，从而大大提升客户的使用体验。

全球连锁咖啡品牌星巴克在美国及全球拥有多个接触点，早已将大数据应用于运营的各个环节。无论是新店选址、季节性菜单调整、产品组合，还是提供限量特色产品的依据，背后都能看到大数据分析的影子。星巴克对任何移动体验的布局都极为深入，深知与客户良好互动才是成功的关键。例如，推出手机App，收集客户的购物数据，通过多年来对客户习惯的深入理解，星巴克能够清楚地掌握客户的喜好、消费频率和偏好等信息。这样不仅省去了客户点单过程中的烦琐操作，还通过贴心的惊喜活动给客户创造了额外的价值感，从中找到最有价值的潜在用户。星巴克的终极目标是希望每两杯咖啡中，就有一杯来自会员的购买，而这一目标的背后，依靠的正是以会员为核心的移动大数据的收集和分析。

五、大数据的六大误区

随着大数据浪潮的兴起，许多企业开始产生"数字焦虑"，担心如果不及时引入大数据技术就会被时代淘汰，因此纷纷考虑数字化转型。然而，根据麦肯锡的报告显示，过去几年，企业数字化转型的失败率较高。究竟是大数据的潜力被夸大，还是企业在应用过程中走了弯路？下面我们将探讨可能导致数据瓶颈的六大常见误区。

1. 误区一：大数据必须"很大"

人们通常认为"大数据"意味着大量的数据，但实际上，数据量的大小并没有明确的标准。与其说是"大"，不如说是"多元"更为贴切。大数据的核心在于数据来源和种类的多样性，这些数据往往是碎片化且频繁更新的。它们可以是零售店的一笔消费记录、社交平台上的一条情感动态，或者是门户网站的点击量。天睿公司的首席技术官宝立明曾表示：很多人以为大数据就是海量的数据，但这其实是大数据中最无趣的部分，我们真正寻找的是那些非传统的、未被挖掘的数据，并从中提炼价值。因此，数据的量从来不是关键，如何将数据转化为商业价值才是重点。

2. 误区二：数据越实时、越精细越好

许多人认为数据越实时、越精细就越好，但这不完全正确。大数据中往往包含大量噪声，随着数据分辨率的提高，例如从每周的数据转为每分钟的数据，噪声比例也会随之增加。在这种情况下，数据可能会导致误导性结果。因此，有时实时数据反而不利于决策，需要拉长时间跨度，才能消除数据噪声、掌握全局。例如，进行长期投资时，历史数据的稳定性比短期的价格波动更为重要。

3. 误区三：平台即数据分析

随着大数据潮流的兴起，各行各业纷纷建立起自己的电商平台和数据收集系统。然而，许多企业在引入系统后却遇到了困难，问题的根源在于步骤的错误。因此，即便电商平台可以帮助企业更方便地收集客户数据，但在投入大量资源建立平台之前，企业首先需要明确数据分析的目的。只有当目标清晰、策略明确，平台才能发挥最大效益。

4. 误区四：数据是客观的

许多人认为数据是客观的，但事实并非如此。现实中的许多因素都会导致数据偏差。比如，为了获得折扣或赠品，用户可能会给商家五星好评，或者不经意间对某条社交媒体帖子点赞，这是否意味着用户真的喜欢这个商家或内容呢？美国白宫在2016年曾警告：将数据转化为信息的算法系统并非绝对可靠，这些系统依赖于不完美的输入、逻辑和算法设计。因此，大数据具有相对的客观性，但很难做到完全客观。

5. 误区五：大数据是信息部门的职责

许多人认为，大数据的收集、存储与分析是信息部门的职责，但实际上，组织结构才是数字化转型成功的关键。不论是收集什么数据、如何收集、收集后如何使用，这些都不仅仅是技术问题，更是管理决策问题。因此，未来的大数据时代不只是分析者的舞台，更多人都需要学习如何解读和应用数据。

6. 误区六：大数据是万能的

千万不要以为大数据是万能的，它并不能自动提供最佳解决方案。大数据带来的仅仅是数据，如何从中提炼有价值的信息，需要依靠分析者的智慧。数据来源越多，越可能产生矛盾和分歧。如果缺乏周密的假设，分析结果可能会产生误导。因此，大数据的主要特征往往是模糊的。要在海量数据中找到可信的信息，依赖的是分析者经验丰富的专业判断。

大数据并非万能药，它只是一个加速工具，只有在方向明确、策略清晰的人手中，才能发挥出加成效果。阿里巴巴集团前副总裁车品觉鼓励中小企业在踏上大数据之路前，先尝试用数据理解自己、量化自己，在此基础上设计数据决策，这样比单纯"为数据而数据"更有效果。

知识巩固

一、单选题

1. 大数据的四个基本特性中包括（　　）。
   A. 可读性　　　　　　　　　　B. 巨量性
   C. 随机性　　　　　　　　　　D. 私密性

2. 大数据的核心在于（　　）。
   A. 数据量的大小　　　　　　　B. 数据的多样性
   C. 平台稳定性　　　　　　　　D. 存储成本

3. 大数据技术推动的主要行业转型不包括（　　）领域。
   A. 数字营销　　　　　　　　　B. 智能制造
   C. 智慧城市　　　　　　　　　D. 个人健康追踪

4. 尿布和啤酒案例主要说明了（　　）。
   A. 大数据的多样性　　　　　　B. 人为数据的精准性
   C. 大数据分析的潜力　　　　　D. 客户数据的重要性

5. （　　）技术在大数据领域被视为解决非结构化数据的标准。
   A. 虚拟内存　　　　　　　　　B. Hadoop
   C. 在线分析处理　　　　　　　D. Spark

6. 数据挖掘的主要目的是（　　）。
   A. 储存大量数据　　　　　　　B. 发掘隐藏规律和信息
   C. 记录客户操作　　　　　　　D. 提升数据真实性

7. Hadoop的MapReduce计算平台的缺点是（　　）。
   A. 不能处理大数据　　　　　　B. 存在读写延迟
   C. 仅适用于小型企业　　　　　D. 不支持分布式计算

8. 在数据分析中，（　　）是在线分析处理的主要应用。
   A. 增强现实　　　　　　　　　B. 多维数据分析
   C. 实时数据收集　　　　　　　D. 自动报表生成

9. 大数据分析在电商中的主要作用是（　　）。
   A. 减少消费者购买时间　　　　B. 提供个性化推荐
   C. 减少企业成本　　　　　　　D. 增加消费者交互次数

10. （　　）采用了大数据分析以优化客户忠诚度。

    A. 阿里巴巴　　　　　　　　　　　B. 微软

    C. 星巴克　　　　　　　　　　　　D. 谷歌

二、问答题

1. 简述大数据的四个基本特性，并阐述每个特性的重要性。

2. 什么是数据挖掘？它如何在大数据中发挥作用？

3. Hadoop和Spark的区别是什么？二者分别在哪些情况下应用？

4. 大数据在智慧营销中的应用是什么？请举例说明。

5. 为什么说大数据不一定是数据量越大越好？如何看待数据的真实性和可靠性？

第四章
机器学习

自古以来，人类一直不断创造工具和机器，以简化工作，减少完成各种任务所需的劳动力和成本。现代海量的数据进一步推动了人工智能的蓬勃发展。我们知道，人工智能最大的优势在于"化繁为简"，它能够解析复杂的大数据，应用范围极其广泛。

近年来，人工智能的应用领域日益扩大，特别是在机器学习领域，人工智能取得了令人难以置信的突破。机器学习是一种通过算法来分析数据的技术，旨在模拟人类的分类和预测能力。过去，人工智能发展的最大问题在于其算法由人类编写，当人类无法解决问题时，人工智能也无法解决这些问题。然而，随着机器学习的出现，这一困境得到了一定改善。

近年来，谷歌旗下的DeepMind公司发明的Deep Q-Network算法，甚至能够让机器学习玩电子游戏。人工智能玩家能够探索环境，通过与环境的互动获取反馈，并通过观察和经验自行学习游戏规则。它们只需看人类玩家操作一次，就能够自主学习并找出解决方案，甚至在大多数游戏中达到与人类玩家相同的表现。通过持续的训练与自我学习，人工智能玩家最终的得分往往会超过人类玩家，在许多情况下，人工智能的表现已远超常人。

第一节　机器学习概述

机器学习是大数据发展的下一个阶段，也是大数据与人工智能发展的重要环节。它涉及概率、统计、数值分析等领域，可以挖掘多种数据元变量之间的关联性，从而实现自动学习并做出预测。机器学习主要通过算法处理大量历史"训练数据"，从数据中提取规律，以对未知数据进行预测。这些训练数据通常来源于过去的记录，可能是文本文件、数据库或其他渠道。然后，从训练数据中提取出数据的特征，再通过算法对收集的数据进行分类或对预测模型进行训练，帮助用户识别和解读目标。

机器学习，顾名思义就是让计算机具备自我学习、分析并最终输出结果的能力。其主要方法是对要分析的数据进行分类，通过分类才能进一步分析和判断数据的特性。机器学习的最终目的是希望计算机能够像人类一样具备学习能力，常见的应用有人脸识别等。人脸识别案例界面如图4-1所示。

图4-1　人脸识别案例界面

1. 机器学习的方式

机器学习的方式与人类的学习方式非常相似。为了让计算机更智能，需要大量数据的汇集、分析和反馈。关键就在于大量数据的输入与训练。例如，要教会人工智能识别一个物体，30万张图片只是基本要求，数据量越大，效果越好。建立模型后，人工智能将通过该模型对未知数据进行预测，并在不断提升预测效果的过程中，逐步实现智能化。

2. 机器学习如何解决问题

我们知道，当将一个复杂问题分解之后，往往能发现其中的小问题具有共同的属性和相似之处，这些属性就被称为"模式"。所谓"模式识别"，就是在大量数据中找出特征或问题中的相似之处，用于对数据进行识别与分类，并找出规律性，从而实现快速决策和判断。

例如，如果你今天想要画一只狗，首先会想到狗通常具有的特征（耳朵、尾巴、毛发、鼻子等）。当你知道大部分的狗都有这些特征后，再想画狗时，就可以将这些共有的特征加入，快速画出各种品种的狗。

3. 自动进行模式分类

著名的谷歌大脑项目由谷歌的人工智能项目团队开发，它能够利用人工智能技术从视频网站中提取海量图片，自动识别狗脸和人脸，无须我们事先告诉计算机狗应该长什么样子。这与过去的识别系统有很大不同，以往的识别系统通常需要研究人员先输入狗的形状、特征等细节，计算机才能实现识别的目的。而谷歌大脑的原理则是将所有照片中狗的特征提取出来，即从训练数据中提取数据的特征，从而识别目标，同时自动进行模式分类。

第二节　机器学习的类型

机器学习的目的是通过数据训练让计算机像人类一样具备决策能力。机器学习的技术种类繁多，都能随着训练数据量的增加而不断提升能力。主要的机器学习方式分为四种：监督学习、半监督学习、无监督学习和强化学习。

一、监督学习

监督学习是一种通过标签数据训练并进行预测的学习方式，类似于动物和人类认知中的"概念学习"。这种学习方式需要事先通过人工操作，将所有可能的特征标记出来。在训练过程中，所有数据都是带有标签的数据，学习过程中需要提供输入样本和输出样本信息，再从训练数据中提取特征，以帮助识别目标。

例如，如果我们要让计算机学会如何分辨一张照片上的动物是鸡还是鸭，首先需要准备大量鸡和鸭的图片，并标注出哪一张是鸡、哪一张是鸭。例如，我们可以选择1000张鸡和鸭的图片，并明确标注每张图片中的动物是鸡还是鸭，让计算机通过这些标签来提取鸡和鸭的特征并对它们分类。随后只要给计算机提供任意一张鸡或鸭的图片，计算机就能根据特征识别出图片中是鸡还是鸭，并输出结果。

标签需要人工进行标注，需要大量标注数据才能发挥作用。这些标注过的数据就像标准答案，感觉就像有裁判在一旁指导学习。这种方法对计算机来说最简单，但对人类来说却最辛苦。因此，计算机通过标注的图片提取特征进行学习并做出判断，就像学生考试时有标准答案一样，计算机判断的准确性会更高。然而，在实际应用中，大量数据的标注工作极为耗费人力，这也是使用监督学习模式时用户必须考虑的重要因素。

二、半监督学习

半监督学习只需对所有数据中的一小部分进行标注操作。计算机首先会通过这些已经被标注的数据发现其特征，然后利用这些标签数据中的特征对其他数据进行分类。

例如，如果我们有2000张不同国籍人士的照片，可以将其中的50张照片进行标注，并对这些照片进行分类。计算机通过学习这50张照片的特征，再去对比剩下的1950张照片，进行识别和分类。由于这种半监督学习方式已经有照片特征作为识别的依据，因此预测结果通常比无监督学习更加准确，这也是一种较为常见的机器学习方式。

我们也可以利用少量标注的英文大小写字母数据集进行模型训练。通常，标注的数据数量远少于未标注的数据数量，计算机通过这些少量标注的数据进行特征提取，然后对其他数据进行预测与分类。

三、无监督学习

无监督学习中所有数据都没有被标注。不需要事先对数据进行人工标注，计算机会自行探索和寻找数据的特征并进行分类和聚类。

分类是将未知信息归纳为已知信息，例如将数据划分到指定的类别中。比如，猫和狗属于哺乳动物，蛇和鳄鱼属于爬行动物。聚类则是对没有明确分类的数据，依据特征值进行划分。无监督学习可以大幅减少烦琐的人力工作，由于训练的数据没有标准答案，训练过程中计算机会自行摸索出数据的潜在规律，再根据这些提取的特征和规律进行分类，并通过这些数据来训练模型。这种方法无须进行人工分类，对人类来说最省力，但对计算机来说最困难，误差也可能较大。

在无监督学习中，计算机会从训练数据中找出规律，聚类是常见的一种形式。聚类能够根据数据的距离或相似度进行划分，主要应用于聚类分析。聚类分析是一种基于统计学习的数据分析技术。聚类就是通过某些分类标准将相似的物体分成不同的类别或簇，即物以类聚的概念。同一类型的物体通常具有相似的属性。

延伸学习

生成对抗网络是2014年由加拿大蒙特利尔大学博士生古德费洛等人在其论文中提出的。在该架构下，有两个需要训练的模型：生成器和判别器。二者相互对抗，彼此不断增强。训练过程反复进行，判别器会不断学习，增强对真实数据的识别能力，以对抗生成器产生的虚假数据，最终收敛到一个平衡点，从而训练出一个能够模拟真实数据分布的模型。

例如，我们使用无监督学习来识别苹果和橙子，不需要苹果和橙子的标签数据，只需提供苹果和橙子的图片。当训练数据足够大时，计算机会自行判断图片中苹果有哪些特征，橙子有哪些特征，并进行分类。例如，通过质地、颜色、大小等特征，找出相似的图片，将图片分成两组，一组大部分是苹果，另一组大部分是橙子。

在这种情况下，可能会有一些边界点（在橙子区域的边界有些类似苹果的图片）。此时需要使用特定的标准来决定聚类。由于无监督学习没有标签数据来验证，只是通过特征来聚类，因此计算机并不知道其分类结果是否正确，可能会产生意想不到的结果，因而需要人工调整。

例如，聚类分析中有一个经典的算法：K均值算法，这是一种无监督学习算法，起源于信号处理中的一种向量量化方法。算法目标是将观察样本数据点划分到不同聚类中，随后随机将每个数据点分配到距离最近的聚类中心，使每个数据点都属于距离其最近的聚类中心所对应的聚类，然后重新计算每个分群的中心点。这个距离通常可以通过勾股定理计算，只需简单的加减乘除运算，不需要复杂的计算公式。接着以此作为判断数据点是否属于同一聚类的依据，再根据每个样本的坐标计算每个聚类的新中心点，最后将这些样本划分到它们最近的聚类中心。

以图像识别为例，聚类分析的方法就是将具有共同特征的物体归为一类，如不同动物的分类，或对其他物品进行分类。通过这种分类方法，可以将输入的数据进行合理聚类。

四、强化学习

强化学习是一种非常具有潜力的机器学习算法。它通过不断地尝试和改进，从失败与成功的经验中获取反馈，进入下一个状态。强化学习的目标是通过这种不断地尝试和修正，使计算机逐步形成对环境中刺激的预期，强调在环境的奖励和惩罚刺激下采取行动，并根据输入的数据不断调整，最终获得最佳的学习效果，甚至超越人类的智慧。

简单举例来说，在玩电子游戏时，新手每完成一个阶段或达成一个目标，都会获得正向反馈，如奖励或进入下一关卡；如果卡关或被怪物击败，则会"死亡"，这就是负向反馈。这是强化学习的基本核心精神。

强化学习不需要出现正确的输入/输出，而是通过每一次的错误来学习。强化学习由智能体、动作、状态和环境等组件构成，通过在使用过程中获取反馈来学习行为模式。首先建立智能体，智能体根据当前环境的状态执行动作，从环境中获得反馈，然后智能体会根据反馈调整下一步的动作，这将使环境进入一个新的状态。计算机通过与环境的互动进行学习，提升智能体的决策能力，评估每一个动作后的反馈是正向还是负向，以决定下一次的动作。

强化学习强调如何在环境中采取行动，并根据环境的反馈不断修正自己的行为，试图最大化自身的预期利益，从而达到分析和优化智能体行为的目的。通过模仿人类的这些行为，最终获得正确的结果。

目前，大家都寄希望于强化学习能够为人工智能带来质的飞跃与新的希望。强化学习的目的就是通过环境反馈不断提升自身的机器学习模式，尝试找到一个最佳策略，以获得最多的反馈。所有相关的算法都有一个共同特点，即"边看边学"，计算机只需要根据不同情况不断地从环境中获取反馈即可。这种学习方式类似于人类学习过程，比如孩子学习骑自行车的过程，一开始会不断摔倒，每次摔倒相当于"负向反馈"，经过多次失败后，孩子会逐渐学会骑车并不再摔倒，最终获得正向反馈的成就感。

一个优秀的强化学习算法通过训练智能体，使其具备自主决策和从反馈中不断学习的能力。为了提高学习效果，智能体需要根据当前环境评估未来可能的状态，进而做出合理的决策。同时，智能体还需依赖新获得的数据不断修正自身策略，依据算法公式进行持续优化更新。以自动驾驶系统为例，智能车辆通过与虚拟交通环境的不断交互，逐渐掌握如何应对红绿灯、行人、障碍物等复杂情况。在这一过程中，系统需要在尝试新路线（探索）和利用已知高效路径（利用）之间做出平衡，从而实现总体回报最大化。这一"探索与利用"的平衡正是强化学习中核心的策略原则。

第三节　机器学习的步骤

　　机器学习是人工智能中一个重要分支，其目标是让计算机从大量数据中学习规律和建立模型，以便对新数据进行预测。机器学习在建立完整模型时通常需要经过以下几个必要步骤，如图4-2所示。

图4-2　机器学习的步骤

一、收集数据

　　要让计算机进行判断和学习，首先要准备好训练数据。收集数据是构建机器学习模型流程中的第一步，数据的质量和数量将直接决定预测模型的优劣。通常，收集到的数据越多、越多样化，所能提取的信息就越丰富，训练出的模型也就越强大。

二、清理与准备数据

　　在机器学习的过程中，数据可以说是最重要的部分。然而，在现实生活中，干净且结构化的数据并不容易获得。当完成数据收集后，下一步就是评估数据的状态，因为除了数量之外，数据本身的质量也会影响训练的效果。正如计算机科学领域常说的"垃圾进，垃圾出"，如果收集到的数据是错误或无意义的，那么训练出来的机器学习模型的预测结果也一定是错误的、没有参考价值的。

　　机器学习对数据质量的要求特别高，例如数据是否为结构化数据，以及是否去除了重复或不相关的内容。由于计算机需要从大量数据中挖掘规律，"干净"的数据在分析时就显得尤为关键，最好所有的数据都是结构化的，这样计算机才能更容易地读取和理解数据。

　　因此，在训练模型之前，最好先进行数据清理，以便在后续建立模型时能够取得更好的效果，使模型更易于探索、理解和构建。数据清理包括过滤、删除和修正数据，例如检查拼写错误、多余的空白字符、异常值或不一致的格式等。

三、特征提取

　　接下来的步骤是为计算机挑选用来判断的"特征"。所谓特征提取就是将原始数据转化为特征，并决定哪些特征对训练是有效的。也就是说，从最初的特征中选择最有价值的特征，舍弃那些没有利用价值的特征。这也是机器学习工作流程中非常关键的一步，好的特征才能让机器学习模型发挥其应有的效用。

四、模型选择

在机器学习模型的开发过程中，当特征提取完成之后，接下来就是选择合适的模型来进行训练。模型的种类非常多，不同的目标和问题往往会影响模型选择。由于建立机器学习模型的方法多种多样，通常需要根据要解决的问题和所拥有的数据类型进行衡量和评估。在处理不同的数据和问题时，需要使用不同的机器学习模型，即使是相同的问题，也可以选择不同的模型或算法。模型的选择并没有固定的标准，主要依据目标来决定使用哪个模型。

五、训练与评估模型

我们可以通过算法来训练模型，并找到最合适的权重和参数，然后将测试数据（从未用于训练的数据）输入训练好的模型中。对于一个训练有素的模型来说，仍然可能因为数据质量差而影响结果。当然，这种影响应该越小越好，从而使预测模型能够更精准地进行预测。在评估时，我们可以利用测试数据来测试模型，看看计算机是否真的可以应对未知情况，而不仅仅是处理训练数据。如果训练结果与预期不符，则模型参数还需要进行微调。在机器学习的过程中，微调是非常重要的环节，微调后再重新训练。经过多次训练后，我们可以统计并分析训练结果，以提高模型预测的准确性。

六、实施模型

机器学习的核心是建立预测模型，我们可以将模型看作是一个具有参数的函数，也就是让计算机通过学习来构建一个函数模型，以此来解决问题。这是机器学习过程中最关键的一步。机器会把从训练数据中学到的内容应用到这个模型中。一旦训练完成，通常可以容忍预测模型中存在一些微小的数据质量问题，最后一步就是将模型运用于实际情况中进行预测。

第四节　机器学习的相关应用

机器学习的成果早已悄然融入我们的生活。随着移动时代的到来，海量数据扑面而来，这些数据不仅精准，而且非常多样化，如此庞杂且多维的数据，最适合通过机器学习来分析处理。机器学习不仅能够像人类一样解决特定的专业问题，还加速了自动化进程，更进一步引入了智能化的创新元素。其中，机器学习在整个人工智能领域为商业创造的价值最大，不仅提升了效率，还带来了商业模式和业务流程的创新。机器学习的应用范围非常广泛，涵盖多个领域。

一、TensorFlow

TensorFlow是由谷歌相关团队于2015年开发的一款开源机器学习库。它能够高效地执行各种矩阵运算，并支持多种机器学习算法和应用。通过使用该库，用户可以构建计算图，实现不同的功能。TensorFlow还支持许多已经在移动端经过训练和优化的模型，即使是机器学习的初学者也可以轻松使用这个强大的库，无须从头开始构建自己的学习模型。目前，TensorFlow是最受欢迎的机器学习框架和开源项目之一。

TensorFlow具有灵活的架构，能够部署在一个或多个中央处理器、图形处理器的服务器中，充分利用硬件资源，可以在数百台机器上同时运行训练程序，构建各种机器学习模型。它还能够轻松地创建适用于台式机、移动设备、网络和云端的机器学习模型，并支持多种编程语言。谷歌和哈佛大学的研究人员还利用TensorFlow开发了一个非常先进的机器学习模型，能够准确预测余震的位置。

TensorFlow之所以能够席卷全球，除了它是免费的，主要原因还在于它易于使用且具有高度扩展性。过去，人们只有在先进的研究实验室里才能接触到机器学习，而现在通过TensorFlow，这个功能完整的开源软件平台，机器学习技术得以广泛普及。与其他机器学习框架不同的是，TensorFlow能够以更贴近人类学习的方式使计算机掌握新知识。

二、计算机视觉

随着云计算和大数据技术的快速发展，数据获取和存储成本大幅降低，尤其是计算能力的飞速提升，使得我们在图像、视频、声音处理方面的能力显著增强。从日常生活应用的策略角度来看，计算机视觉是机器学习应用最广泛的领域之一。人类因为有双眼，所以能够看到世界，而计算机视觉是一种利用摄像头和计算机代替人眼来进行目标识别、跟踪、测量、图像处理以及人员识别的技术。计算机视觉甚至能够实现物品移动跟踪等功能，使计算机具备类似人类的视觉能力，从而构建真正智能的视觉系统。

视觉是人类最重要的感知之一，开发计算机视觉这一技术的目标就是让计算机具备类似人类的视觉能力。计算机"观看"图像的方式是通过大量不同颜色像素（0与1）的组合，并利用机器学习找出图像中的各种"数字特征"，从而识别出图像中的物体。

近年来，随着相机、手机、监控摄像头、行车记录仪等设备的广泛普及，计算机视觉技术依托机器学习的蓬勃发展，如同许多新兴技术一样，已深度融入了人们的日常生活。全景拍摄已经成为智能手机的基本功能，并以此为基础衍生出具备街景分析、图像识别、人脸识别、物体检测、瑕疵检测、图像风格转换、车辆追踪等功能的应用。这标志着计算机视觉比人类视觉更加精准的时代将要到来。

图像识别是当前最流行的计算机视觉应用之一。顾名思义，图像识别指的是计算机自动识别和分析影像中的物体。比如在社交媒体和智能相册中的人脸识别，不仅能识别照片中的人物，还能进一步判断照片中人物的动作。

每天，仅依赖用户举报，人们难以对微信和小红书用户上传的大量图片和视频进行有效审核。为了提升图片搜索能力和加强对有害及不当信息的过滤，微信开发了大规模的机器学习系统，增强了对图像中文字的解读能力。利用用户在线分享的照片和标签作为训练素材，微信和小红书每天读取和过滤数亿张图片，筛选和清理包含恐怖主义、色情、暴力、仇恨言论、垃圾信息等内容的图片。

此外，微信通过图像识别，还能自动识别图片中的人物并进行文字标记，同时为视障人士提供文字描述或语音说明功能。智能手机是目前最适合发展人工智能的硬件设备，其拍照功能也广泛应用了大量的图像识别技术。许多大厂商都以"人工智能拍照"为宣传点，使手机能够识别数千种拍照场景，还原景物细节纹理，提升画面质量。简单来说，就是让机器自己学习如何拍出更好的照片。

许多智能手机还能针对不同场景进行优化和微调，每种拍摄模式也会根据拍摄的视角、主题色彩等因素自动调节。例如，检测画面中的对比度和光源亮度并自动调节，或者自动去除背景，使用户能够快速合成照片，甚至推荐最佳的滤镜效果，帮助用户轻松拍出独特的亮丽照片。

人脸识别技术是计算机视觉的另一个广泛应用。我们通常会通过表情、声音、动作等特征识别一个人的身份，其中以脸部表情的区别性最为显著。人脸识别系统是一种非接触式且具有高速识别能力的系统，它的出现极大地改变了人们的生活方式。

随着智能手机和社交网络的普及，人脸识别技术进一步得到推广。例如，iPhone X引入了人脸识别技术，让其可以通过人脸快捷解锁。许多国际机场也陆续采用人脸识别技术，为旅客提供自动快速通关服务。此外，人脸识别还应用于火车票检票环节，旅客无须实体票或智能手机，刷脸即可完成进站验证；在使用支付宝支付时，只需一个微笑即可完成交易。这些应用引发了业界对人脸识别技术的广泛关注。

在国外许多大都市的街头，出现了具备人工智能的数字电子广告牌。这些广告牌能够追踪路过行人的行为，并与数字广告内容产生互动。通过人脸识别技术，系统可以分析人脸上的特征点以及表情，并追踪这些点之间的关系来检测情绪。这不仅能够衡量观众对品牌或广告的情绪反应，还能辅助新产品的测试。最终，人工智能会根据这些情绪反馈动态调整广告牌所展示的内容，实时呈现最能吸引大众的广告模式，从而展现更具说服力的创意效果，提供优化的营销体验。

三、智慧美妆

美妆是一个紧跟时尚且快速变化的行业。爱美是人类的天性，随着人工智能的不断发展，它为美妆相关技术的进步和完善提供了强大动力，传统美容产业的发展路径也因此需要重新调整。通过3D人脸追踪识别技术，结合面部特征检测和机器学习，虚拟试妆的准确度与效率显著提升，推动了智慧美妆行业的蓬勃发展，包括虚拟试妆、肤质检测、新产品推荐等功能。

例如，玩美移动公司推出的美妆App，通过自动扫描脸部轮廓并检测关键点，帮助品牌分析消费者的各项脸部特征。该App可以根据消费者的脸部特征与喜好，推荐最适合的妆容与相应的产品，供用户选择。结合增强现实（AR）技术，用户可通过手机镜头体验逼真的美妆效果。同时，App会收集用户的大数据，包括脸型、肤色、皱纹等，通过预测用户偏好，建立商品推荐系统。App还会基于用户数据，提供个性化美妆消费体验与专属产品建议。

延伸学习

　　增强现实是一种将虚拟影像与现实空间结合的技术，能够把虚拟内容叠加在真实世界中，并让二者实时互动。它强调的不是取代现实空间，而是在现实空间中添加一个虚拟物体，并且使它们产生即时互动。

四、智慧医疗

　　智慧医疗是将物联网、云计算、机器学习等技术引入医疗流程，旨在解决医疗领域中的诊断和预后问题，并分析临床参数及其组合对预后的影响。随着医疗科技的不断发展，患者通过物联网和可穿戴设备能够获取更多个人健康数据，并享受更高质量的医疗服务。

延伸学习

　　随着计算机设备核心技术不断朝着轻薄、时尚的方向发展，可穿戴设备因健康潮流的兴起而备受关注。可穿戴设备强调便利性，主要包括腕带、运动手表、智能手表等，用于收集用户健康信息，如热量消耗、步行或跑步距离、血压、血糖、心率、睡眠状态等。

　　智能医疗在医疗领域的应用非常广泛且功能日益多样化，其未来发展趋势已逐渐显现。可以预见，未来医疗产业将持续引入更多数字科技，在降低成本的同时提高医疗效果，实现维持健康和预防疾病的目标。

　　事实上，真正推动智慧医疗发展的最大动力是近年来机器学习技术的逐渐成熟。人工智能的归纳整理能力和识别能力已经逐步可以替代人类。例如，医疗影像是解析人体内部结构和组成的重要手段，其数据量占医学信息总量的大部分，包括X射线、超声影像、核磁共振成像、心血管造影等。过去，传统的疾病诊断主要依赖对医疗图像的解读。这些工作往往由医生处理。然而，随着机器学习技术的发展，人工智能医疗影像分析取得了惊人的进展，其准确度已接近专业医生，可大幅提升医疗效率。

知识巩固

一、单选题

　　1. 机器学习的主要目的是（　　　）。
　　　　A. 简单数据处理　　　　　　　　B. 通过数据训练让计算机具备学习能力
　　　　C. 储存大量数据　　　　　　　　D. 快速计算数据
　　2. 下列（　　　）是监督学习的特点。
　　　　A. 所有数据都不被标注　　　　　B. 需要人工标注数据

C. 自行分群　　　　　　　　　　D. 采用随机数据

3. 半监督学习的核心在于（　　　）。

A. 所有数据都被标注　　　　　　B. 自行生成数据

C. 利用少量标签数据进行分类　　D. 没有数据范畴

4. 增强学习的主要目的是（　　　）。

A. 仿真并自我学习数据规律　　　B. 通过奖励和惩罚调整行为

C. 分析数据结构　　　　　　　　D. 储存历史数据

5. 在无监督学习中，计算机会（　　　）数据。

A. 聚类　　　　　　　　　　　　B. 分析并储存

C. 使用训练模型处理　　　　　　D. 自行标注

6. 以下（　　　）适用于自动聚类。

A. 监督学习　　　　　　　　　　B. 无监督学习

C. 强化学习　　　　　　　　　　D. 半监督学习

7. 在强化学习中，（　　　）不属于其组成要素。

A. 反馈　　　　　　　　　　　　B. 标签

C. 状态　　　　　　　　　　　　D. 动作

8. 谷歌大脑在图像识别中主要使用了（　　　）原理。

A. 标签识别　　　　　　　　　　B. 特征提取与分类

C. 图像压缩　　　　　　　　　　D. 随机生成

9. 在机器学习模型的建立流程中，（　　　）是收集数据的下一步。

A. 模型选择　　　　　　　　　　B. 特征提取

C. 清理与准备数据　　　　　　　D. 实施模型

10. TensorFlow是（　　　）的开源库。

A. 数据库　　　　　　　　　　　B. 机器学习框架

C. 编程语言　　　　　　　　　　D. 浏览器插件

二、问答题

1. 什么是监督学习？它的优点和缺点有哪些？

2. 机器学习的主要步骤有哪些？请简述每个步骤的作用。

3. 强化学习的主要应用范围有哪些？请举例说明。

4. 无监督学习和监督学习有什么不同？各自在什么情况下使用？

5. TensorFlow为什么成为热门的机器学习开源项目？请简述其主要特点。

第二部分

深度学习与神经网络

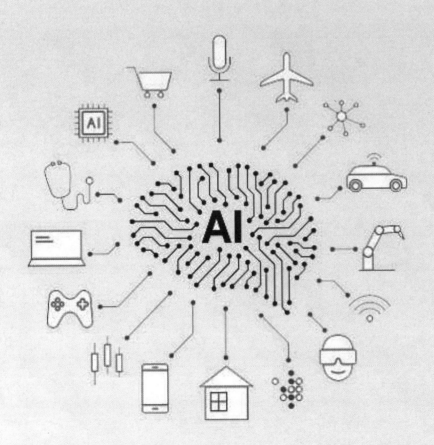

第五章
深度学习

美国电视剧《疑犯追踪》声名远扬。这部剧除了充满悬疑氛围外，还在曲折的剧情中融入了强大的人工智能元素，其中便涉及深度学习。剧中，一位亿万富翁发明了一台能够自我思考与学习的人工智能机器，它全天候监视公共数据。借助人工智能技术，这台机器能够预测有计划或预谋策划犯罪的潜在人物。一旦机器发现潜在犯罪相关人物，它就会提供该嫌疑人的社会安全号码。随后，这位亿万富翁和他身手不凡的伙伴便会联手去阻止这个嫌疑人。

剧中这个如同"天眼"般的机器不仅能够深度感知和进行行为预测，还能深度解读纽约每个角落的影像和语音信息，从而发现潜在风险，它涉及的正是本章将要介绍的深度学习技术。

第一节　认识深度学习

近年来，随着计算机运算能力的不断提升，深度学习技术的研究也取得了显著进展，让计算机开始具备一定的"思考"能力。乍一听，这似乎像是科幻电影中的情节，但如今，许多科学家通过模拟人类复杂的神经网络结构，正在实现过去难以想象的目标——让计算机具备与人类相似的听觉、视觉、理解与思考能力。

毫无疑问，人工智能、机器学习以及深度学习已成为21世纪最热门的科技话题，三者的关系如图5-1所示。深度学习可以是人工智能的一个分支，也可以被视为具有更多层次的机器学习算法。深度学习之所以能够蓬勃发展，其中一个重要原因就是大数据的持续积累。深度学习并非研究人员凭空创造的运算技术，它起源于20世纪50年代左右的人工神经元和感知机理论，历经长期发展，逐渐演变为现在的人工神经网络模型。深度学习结合神经网络架构和大量的计算资源，模拟人脑神经网络的学习模式，从而实现机器的智能学习过程。它通过比机器学习更多层次的神经网络来分析数据，从中发现模式。深度学习不需要经过特定的特征提取步骤，而是能够自动化识别和提取各种特征，这种做法与人类大脑的运作方式十分相似。通过由层层非线性函数组成的神经网络，深度学习能够对图像、声音和文字等多种数据进行深入分析，并做出准确预测，从而更好地解释和利用大数据。

图5-1　人工智能、机器学习、深度学习的关系

　　近年来，最引人注目的深度学习应用案例，当属谷歌DeepMind开发的人工智能围棋程序AlphaGo接连战胜欧洲和韩国围棋冠军，成为首个击败人类职业围棋选手的人工智能系统。围棋作为源自中国的对战游戏，其复杂程度远超国际象棋和中国象棋，许多人认为计算机至少还需要十年的时间才能精通围棋。然而，AlphaGo通过深度学习学会了围棋对弈。在设计上，首先输入大量的棋谱数据，这些数据包含对应的棋局问题和落子答案；AlphaGo以此学习基本的落子方式、规则、棋谱和策略。计算机内置的深度学习模型，其工作原理类似于人类的神经元，通过复杂的连接和权重调整来实现学习和决策。它利用大量的棋局问题和正确落子方案进行自我学习，进而掌握围棋的下法。根据实际对局数据自我训练，AlphaGo能够判断棋盘上的各种情况，并通过不断与自己对战进行调整。最终在与人类顶尖选手对弈中，创造了连胜纪录，这一成就令人惊叹，彰显了深度学习的强大威力。AlphaGo与李世石（右）对弈画面如图5-2所示。

图5-2　AlphaGo与李世石（右）对弈画面

一、人工神经网络概述

人工神经网络是一种模仿生物神经网络的数学模型，其灵感来源于人类大脑结构。其基本的构成单元是神经元，这些神经元的结构与人类大脑中的神经细胞（如图5-3所示）类似。人工神经网络通过设计函数模块，使用大量简单相连的人工神经元，模拟生物神经细胞在受到特定刺激时的反应机制。

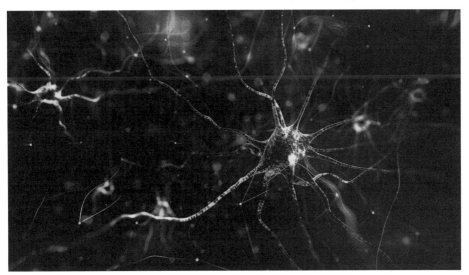

图5-3　人类大脑中的神经细胞

人工神经网络深度学习的过程类似于人类学习的过程。通过不断地训练与学习，最终形成记忆。当需要判断新事物时，计算机会参考过去所学到的经验和记忆进行推理。传统上，人工神经网络被认为是一种简化模型，旨在模拟大脑的某些机制。因此，理解人工神经网络的运作方式，可以从了解大脑的神经系统开始。

在人工神经网络中，权重值是学习的核心。每个神经元之间的连接具有不同的权重，它们分别执行不同的任务。就像生物神经元在运作时的电位传递一样，一个神经元的输出可以成为下一个神经元的输入。人工神经网络通过比较每次的输出结果，不断调整连接上的权重值。训练过程越扎实，计算机系统预测的最终结果就越接近实际情况。

近年来，随着计算机运算速度的大幅提升，人工神经网络的功能变得更加强大，应用范围也愈加广泛，这得益于人工神经网络具有高速运算、记忆、学习与容错等能力。要使人工神经网络正确运作，必须通过训练的方式。通过输入大量训练数据，计算机得到"喂养"，并利用神经网络模型建立系统模型，使人工神经网络反复学习，归纳出其中的规律。经过一段时间的积累，人工神经网络可以做出最合适的判断，并广泛应用于推测、预测、决策和诊断等领域。

二、人工神经网络架构

深度学习是一种层次化的机器学习方法，通过逐层处理数据，将大量的原始输入数据逐渐转化为有用的信息。通常，当人们提到深度学习时，指的就是深度神经网络算法。人工神经网络的架构是对人类大脑神经网络的数学抽象，各个神经元以节点的形式连接通过加权求和、激活函数处理等产生计算结果，并逐层传递，完成信息处理。这个架构包含三个最基本的层次，即输入层、隐藏层和输出层，每一层由不同数量的神经元组成。

输入层是接收外部刺激的神经元，负责接收并输入数据。它类似于人类神经系统中的树突（接受器），不同的输入会激活不同的神经元。需要注意的是，输入层并不对输入数据执行任何计算。

隐藏层的神经元不参与输入或输出，而是隐藏在内部，负责对输入的数据进行运算。隐藏层通过不同的方式转换输入数据，其主要功能是对接收到的数据进行处理，并将处理后的数据传递到输出层。隐藏层可以有一层或多层，增加隐藏层的数量和神经元的复杂度，可以提高网络的识别能力和学习能力。

输出层是提供数据输出的部分，接收来自最后一个隐藏层的输入。通过输出层，我们可以得到合理范围内的理想数值，最终挑选出最适合的选项并输出。

第二节　卷积神经网络

深度学习模拟人类神经网络的运作方式，将问题分层处理，也就是将其拆解成许多小块。就像一条生产线，每个站点只进行一个简单的判断，但将这些简单判断的结果汇总后，计算机就能完成复杂的任务。

近年来，深度学习成为人工智能中发展最快的领域之一。在深度学习的推动下，各种新型的人工神经网络不断涌现。尽管这些架构各不相同，但它们都为实现人工智能的许多应用提供了可能性。接下来，我们将介绍卷积神经网络。卷积神经网络是目前深度神经网络领域的主力，也是最适合图像识别的神经网络。

卷积神经网络在手写识别分类或人脸识别等任务中表现出较高的准确度。它擅长对图像进行剖析和分解。处理一张新图片时，它会通过卷积核滑动扫描图片的各个局部区域，通过数学运算从中提取特征。这些特征捕捉了图片中的共通要素，通过在相似的位置比对局部特征，逐步扩大范围，分析所有特征，从而解决图像识别问题。

一、卷积神经网络的基本结构

卷积神经网络是一种局部连接的神经网络结构，其背后的数学原理被称为卷积。与传统的多层神经网络相比，其最大的区别在于多了卷积层和池化层。这两层的存在使得卷积神经网络能够更好地捕捉图像或语音数据的细节，而不仅仅是简单地提取数据进行运算。因此，卷积神经网络在图像或视频识别任务中表现出色。它不仅能够保持形状信息并避免参数大幅增加，还能保留图像的空间排列，提取局部图像作为输入，从而提升系统的运作效率。卷积神经网络的运作原理如图5-4所示。

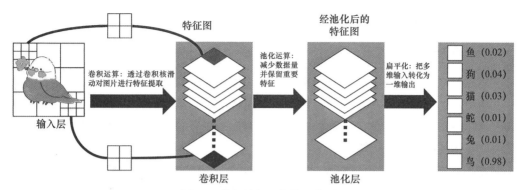

图5-4 卷积神经网络的运作原理

图5-4仅展示了单层卷积层神经网络，在图中，输出层的特征向量已经足以判断出此次图片识别的结果。简单来说，卷积神经网络通过比较两张图片在相似位置的局部特征，来判断两张图片是否相同。这种方法比直接比较两张完整图片更容易且更快速。

在卷积神经网络的训练过程中，系统会根据输入的图像自动提取其中的各种特征。以鸟类识别为例，卷积层的每个卷积核都会提取前一层某一方面的特征。通过增加卷积层，系统可以逐步提取图片中的各种细节特征，例如鸟的脚、嘴巴、翅膀、羽毛等，直到最终识别出图片的整体轮廓，从而精确判断图片中的物体是否为鸟类。多层式卷积神经网络示意如图5-5所示。

卷积神经网络可以说是目前深度神经网络领域的重要理论，其在图像识别任务中的判断精度甚至在某些情况下超过了人类的判断能力。

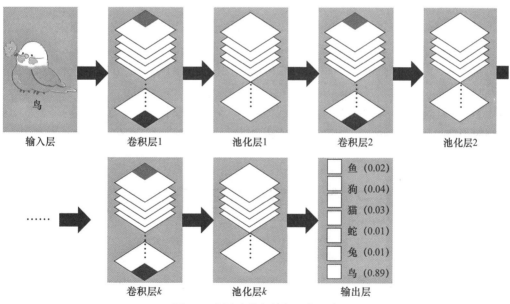

图5-5 多层式卷积神经网络示意

二、卷积层及池化层的深入说明

1. 卷积层

卷积层负责对图片进行特征提取，是整个网络中最核心的部分。不同的卷积操作可以从图片中提取出各种不同的特征，找到最优特征后再进行分类。每次卷积都会生成一个新的二维矩阵，这个矩阵可以看作是对原图进行特征筛选后的结果，它反映了原图中哪些区域包含这些特征。

卷积神经网络的运作原理是通过卷积核在图片上滑动，提取局部特征。这个过程类似于人类大脑在判断图片某个区域的特征时所做的分析。卷积核从上到下依次滑动，获取图像中各个区域的特征值。卷积运算是将原始图片与卷积核进行矩阵内积运算，最终得到特征图。特征提取的目的是保留图片中的局部空间信息，并从这种信息中提取关键特征，然后将得到的特征图传递给下一层的池化层。

2. 池化层

池化层的目的是减少图片数据量，同时保留重要信息。它通过将图片池化成更小的尺寸，不仅减少了神经网络的参数运算量，还能提高模型的抗噪声能力。池化后的信息更专注于图片中是否存在关键特征，而非特征的具体位置。

池化层使用滑动窗口在输入图像上进行滑动运算。滑动窗口的大小和步长决定了池化操作的粒度和特征图的尺寸。与卷积层类似，池化层也可以有不同的实现方式，包括最大化池化（取区域内最大值）、平均池化（取区域内平均值）等。在某些情况下，还可以考虑其他池化方法，如最小化池化（取区域内最小值），但这种方法在实际应用中相对较少见。

值得注意的是，池化层的滑动窗口可以有重叠，也可以没有重叠。在大多数标准实现中，为了简化计算和提高效率，通常会选择无重叠的滑动窗口。然而，在某些特定情况下，为了更精细地控制特征图的尺寸和特征提取的粒度，可能选择有重叠的滑动窗口。

通过池化操作，原始数据被降维计算，同时保留了每个区域与特征的匹配程度。这使得模型在处理图像数据时能够更高效地提取特征，并提高对特征位置变化的鲁棒性。

第三节　循环神经网络

循环神经网络是一种具有"记忆"功能的神经网络。它能够将每次输入所产生的状态暂时存储在内存中，这些暂存的结果被称为隐藏状态。循环神经网络通过循环的方式，将这些状态在网络中传递，使得之前的输出结果能够影响后续的输入。因此，循环神经网络特别适合处理具有前后关系或时间序列的数据。

例如，动态影像、文本分析、自然语言处理、聊天机器人等涉及时间序列的任务，都非常适合使用循环神经网络来实现。斯坦福大学的一项研究就是利用循环神经网络让计算机在看到图片后，自动生成描述图片内容的句子，这正是循环神经网络的应用之一。如果将同样的算法逻辑应用在情境动画图片上，通过循环神经网络预测出一个最适合的词语来描述图片，就可以在每张图片下方生成一个词语来简要描述该情境动画。如图5-6所示，每个情境动画图片的下方都有一个通过循环神经网络分析后预测生成的词语。

图5-6　循环神经网络预测词语示意

如果我们要乘坐从第一站深圳站到最后一站泉州站的高铁，各站到达的先后顺序为深圳、东莞、惠州、汕尾、普宁、潮汕、饶平、诏安、云霄、漳州、厦门北、泉州。如果想推断下一站会停靠哪一站，只要高铁的站名之间存在时间序列关系，并且知道上一站停靠的站名，就可以轻松判断出下一站的站名。同样地，也能准确判断出下下一站的停靠点。这个例子是时间序列上下关联性的典型案例。

一、循环神经网络的基本结构

循环神经网络相比传统神经网络的最大区别在于，其记忆功能与时间序列的上下文关联性。在每个时间点获取输入数据时，循环神经网络不仅考虑当前时间点的输入数据，还会同时考虑前一个时间点暂存的隐藏状态。将循环神经网络与日常生活类比，记忆就像是人脑对过去经验的综合反应，这些反应会在大脑中留下痕迹，并在一定条件下显现出来，不断地将过去的信息向后传递，体现了时间结构上的共享特性。因此，我们可以利用过去的记忆（数据）来预测或理解当前的现象。

从语言学习的角度来看，当我们理解一件事情时，绝不会凭空想象或从零开始学习。就像我们在阅读文章时，必须通过上下文来理解内容，这种具备背景知识的记忆与时间序列的上下关联性正是循环神经网络与其他神经网络模型相比不同的特色。

接下来，我们用一个生活化的例子来简单说明循环神经网络。许多家长希望孩子在课后得到更好的教育，小明的家长希望他在周一到周五放学后固定去补习班上课，课程安排如下。

周一上作文课，周二上英语课，周三上数学课，周四上跆拳道课，周五上才艺课。

这意味着每周从周一到周五的课程是不断循环的。如果前一天上的是英语课，那么今天就上数学课；如果前一天上的是才艺课，那么周一就上作文课（假设周六日忽略不计），整个过程非常有规律。

如果小明前一天生病请假，无法上课，是否就无法推测出今天晚上该上的课程呢？事实上，仍然是可以的。因为我们可以通过前两天上的课程来推断昨天晚上应该上的课。因此，我们不仅能利用昨天的课程来预测今天要上的课程，还可以利用对昨天课程的预测来推测今天的课程安排。

为了更好地理解这种预测方法，我们可以将课程内容用向量的方式来表示。如果我们预测今天晚上会上数学课，就可以将数学课记为1，其他四种课程记为0。用向量方式表示课程内容如图5-7所示。

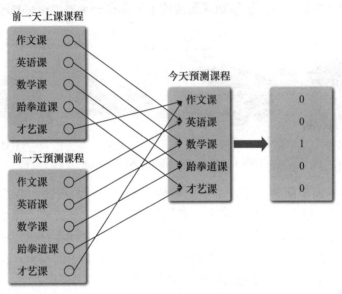

图5-7　用向量方式表示课程内容

此外，我们还可以将今日课程预测的结果回收，用于预测明天的课程安排。如果将这种规律性不断延续下去，即使连续请假10天没有上课，通过观察更早时间的课程规律，我们依然可以准确预测今晚要上的课程。预测课程内容的循环神经网络示意如图5-8所示。

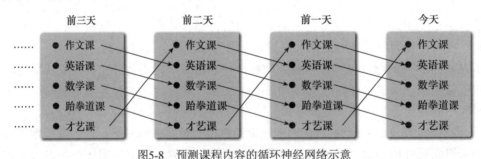

图5-8　预测课程内容的循环神经网络示意

二、循环神经网络的关键点

1. 循环神经网络的记忆方式

在处理新的输入时，循环神经网络会将上一次的隐藏状态与这次的输入一起作为新的输入。也就是说，每次新的输入都会将之前发生的情况一并考虑进去。循环神经网络的记忆方式以及根据时间序列展开后的运行过程，如图5-9所示。

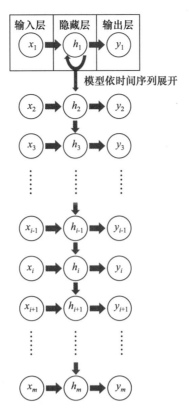

图5-9 循环神经网络的记忆方式以及根据时间序列展开后的运行过程

2. 输入与输出的序列性

循环神经网络的强大之处在于它允许输入和输出的数据不仅仅是单一一组向量，还可以是由多组向量组成的序列。这种特性使得它非常适合处理时间序列数据，如课程安排、语言文本等。

3. 训练速度与计算资源

循环神经网络具备更快的训练速度和较低的计算资源消耗。以自然语言处理中的文章分析为例，语言通常需要考虑上下文关系。为了避免断章取义，在建立语言相关模型时，如果能够额外考虑上下文的关系，模型的准确率将显著提高。也就是说，当前的输出结果不仅受上一层输入的影响，还受到同一层前一个输出结果，即前文的影响。

例如，下面这两句话：

我"不在意"时间成本，所以我选择乘坐"普通火车"从深圳到长沙。

我"很在意"时间成本，所以我选择乘坐"高铁"从深圳到长沙。

在分析"我选择乘坐"的下一个词时，如果不考虑上下文，"普通火车"和"高铁"的概率是相等的。但是，如果考虑"我很在意时间成本"，选择"高铁"的概率应该大于选择"普通火车"。反之，如果考虑"我不在意时间成本"，选择"普通火车"的概率应该大于选择"高铁"。根据上下文关系进行预测示意如图5-10所示。

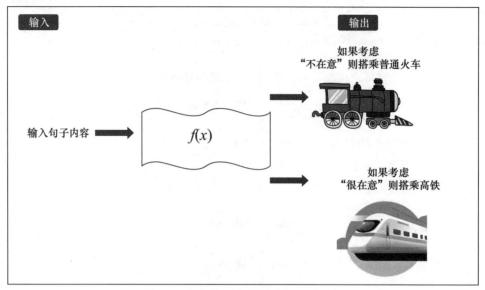

图5-10　根据上下文关系进行预测示意

第四节　深度学习的其他应用领域

　　尽管我们可能没有明显察觉，但深度学习早已深入现代生活的方方面面。深度学习技术通过多层次的神经网络模型处理大量数据，逐步优化模型参数，从而提高预测结果的准确性，使其达到理想范围。如今，深度学习最显著的进展在于让计算机能够学习和识别"图像"和"声音"。由于深度学习非常适合分析复杂且高维度的数据，如图像、音频、视频和文本等，因此可以完成过去计算机难以实现的任务，帮助人类更高效地完成日常工作。目前，深度学习的主要应用领域集中在三大类：语音识别、影像识别和自然语言处理。接下来，我们将介绍深度学习在这三大主流应用中的实际案例。

一、语音识别中的应用

　　说话是人类最自然的交流方式之一。从早上起床开始，我们的一天就充满了各种各样的声音，如鸟鸣、收音机的音乐、闹钟的响声等，如图5-11所示。而人与人之间的主要沟通方式也是通过语言来进行的。

图5-11 生活中充满各种声音

语音识别技术源于20世纪50年代，早期工作主要集中在美国，至今其相关研究仍在不断进行。当时该技术对于连续语音、多人对话等识别率并不高，难以广泛应用于商业场景。直到深度学习的引入，显著提升了语音识别的准确率，这一技术才逐渐引起国际大型企业和学术机构的重视。

目前，深度学习技术在语音识别领域取得了显著进展，尤其是在智能语音助手方面。语音交互已经成为与智能终端交互的重要方式，不仅普及到智能手机，还深入到每个家庭的智能音箱中。例如，苹果和亚马逊等设备都配备了语音助手，提供方便自然的语音交互界面。用户无须动手，只需通过语音命令即可实现拨打电话、播放音乐、发送短信、打开应用程序、设置闹钟等功能。

在我国，语音助手技术的发展也十分迅速。以百度的小度助手和华为的智能助手小艺为代表的本土语音助手，已经深入到越来越多的家庭和设备中。小度助手不仅被广泛应用于百度智能音箱（见图5-12）中，还被集成在智能电视、智能家居等终端设备中，提供包括播放音乐、搜索信息、控制家电等多样化的语音服务。华为的智能助手小艺则深度融入华为生态系统，用户可以通过简单的语音命令来实现对手机、平板、智能手表等多种设备的控制和管理。

图5-12 百度智能音箱

语音识别技术，也被称为自动语音识别，其目的是让计算机能够听懂人类的语言，并据此执行相应的任务。计算机通过比对声学特征，利用语音交流的方式取代了传统的键盘、鼠标等人机交互方式。这一过程与人类日常识别语音的过程非常相似，主要可分为三个简单的步骤：听到语音、理解语义、给出反馈。例如，当我们对着手机讲话时，设备不仅能识别出我们的讲话内容和语法结构，还会在屏幕上显示相应的文字。

牛津大学团队开发出一种唇语程序LipNet，其准确率极高；相比之下，人类唇语专家的准确率略低，而听觉受损者的准确率较低。这一技术未来有望帮助许多听障人士。

在语音识别的处理过程中，由于人类语言的语音数据具有多样性，通常假设语音特征是缓慢变化的。然而，在语音特征中，声音强度的变化是非常重要的信息。首先，计算机需要接收声音输入，将其从模拟信号转换为数字音频信号，然后进行语音特征提取和数据标准化，包括音频的波长、断句、语调等。由于语音信号的数据量非常庞大，因此需要提取适当的特征参数，其次将预先存储的声音样本与输入的测试声音样本进行比对、分析和判断。例如，通过音位和音节的特征向量匹配，找到最有可能的词汇。经过神经网络的判断和概率分布的解读，再从数据库中提取出概率最大的对应语句，最后生成文本结果。

语音助手不仅在设备控制方面表现出色，还在语音购物、智能客服、语言翻译等领域展现了强大的应用潜力。这些技术的快速发展，不仅提高了用户的生活便利性，还推动了语音识别技术的进一步普及与创新。

二、影像识别中的应用

近年来，由于社交网络和移动设备的普及，以及万物互联时代的到来，用户通过手机、平板电脑等设备在社交网站上分享大量信息，许多热门网站的数据量已达到百万亿字节级别，其中很大一部分是数字影像数据。随着影音信息附加值再利用日益普及，大量已分类的影像作为训练数据来源，为影像识别技术提供了丰富的训练素材。

影像识别技术早期是从图像识别演进而来，也是目前深度学习应用最广泛的领域。过去需要人工选择特征再进行影像识别，而现在的深度学习技术可以通过大量数据进行自动化特征学习。两者结合后，影像识别技术已能应用于我们生活中的各个方面，可有效帮助我们处理传统上需要大量人力的工作。影像识别技术已经衍生出多项应用，包括智能家居、动态视频、无人驾驶、品控检测、无人商店管理、安全监控、物流货品检验、物体检测、医疗影像等领域。

例如，无人驾驶是当前非常热门的话题。随着传感和计算技术的快速发展，无人驾驶系统取得了越来越惊人的进展，使汽车从过去的封闭系统转变为能够与外界通信的智能化车辆。无人驾驶汽车开始从实验室测试走向公共道路驾驶。

无人驾驶是一种自主决策智能系统，不仅仅是单一技术的应用，而是众多尖端技术的集合体，其中深度学习是无人驾驶技术的核心。无人驾驶的首要任务是理解周围环境，必须使用真实世界的数据来训练和测试无人驾驶组件。

为了实现自动驾驶并确保行车安全，车辆必须通过影像识别技术来感知和识别周围环境，附近的物体、行人以及可行驶区域，并判断周围物体的行为模式。从物体分类、物体检测、物体追踪到行为分析与反应决策，这一系列操作能够帮助车辆精确处理来自不同车载传感器（如摄像头、雷达、超声波传感器、全球定位系统设备等）的观测数据，使无人驾驶汽车能够自动识别前方路况，并做出相应的减速或刹车动作，以达到最高的安全性。

目前，利用卷积神经网络进行视觉感知是无人驾驶系统中最常用的方法。这种方法可以帮助车辆加速学习周围环境的感知能力，具有较高的容错能力，适用于复杂的环境。同时，深度学习算法通过不断从数据和训练中学习，使无人驾驶汽车能够越来越适应环境并不断扩展其能力。实际上，即便是当前允许上路的无人驾驶汽车，也在持续不断地收集大数据，以改进下一代无人驾驶技术，谷歌旗下的Waymo是世界上首款无人驾驶出租车，提供了自动驾驶叫车服务。

三、自然语言处理

计算机科学家通常将人类的语言称为自然语言，如中文、英文、日文、韩文、泰文等。自然语言最初只是以口头形式存在，直到文字的发明后，才逐渐发展出书写形式。任何一种语言都具有博大精深的特性，并随着时间不断演化。这种复杂性和动态性使得自然语言处理的范围非常广泛。所谓自然语言处理，就是让计算机具备理解人类语言能力的技术。它通过大量的文本数据和音频文件，结合复杂的数学、声学模型和算法，使计算机能够认知、理解、分类并运用人类日常语言。

本质上，语音识别与自然语言处理是密不可分的，但计算机要理解语言远比语音识别困难得多。在自然语言处理领域，首先需要进行分词和词语理解，识别出来的结果还需要依据语义、文本聚类、文本摘要、关键词分析、敏感词检测、语法及大量标注的语言数据来进一步处理。其次通过深度学习模型解析单词或短语在段落中的使用方式，并基于语言数据库的分析进行语言学习，才能正确识别与解码，探索词汇之间的语义关系，进而理解其含义并建立语言处理模型，最终实现人机对话的可能性。这种运作机制让自然语言处理更加贴近人类的学习模式。

随着深度学习的进步，自然语言处理技术的应用领域变得更加广泛。技术进步不仅提升了机器对语言的理解能力，还推动了自然语言处理在各行各业的应用。由于机器能够24小时不间断工作且错误率极低，企业对自然语言处理的采用率显著增长，涉及的行业包括电商、营销、智能电话客服（见图5-13）、金融、智能家居、医疗、旅游和网络广告等。

在自然语言处理领域，除了BERT这一谷歌推出的开源算法模型，还有几种头部的自然语言模型对行业产生了深远的影响。

GPT：由OpenAI开发的GPT系列模型是生成式预训练模型，特别是GPT-3，凭借其强大的生成能力，可以处理包括文本生成、翻译、摘要、对话生成等各种自然语言处理任务。

图5-13　智能电话客服

RoBERTa：这是Facebook人工智能团队对BERT模型的改进版本，通过调整训练过程中的参数，使得模型在多个自然语言处理任务中表现出色。

XLNet：一种自回归语言模型，在处理长文本和捕捉上下文关联性方面具有良好的表现。

T5：由谷歌提出的T5模型统一了自然语言处理任务的格式，即将所有任务都视为文本到文本的转换任务，这使得模型在处理多种自然语言处理任务时更加灵活且性能优异。

这些顶尖的自然语言模型不断推动着自然语言处理技术的进步，使机器对自然语言的理解能力不断提高，从而更精确地进行信息检索、文本生成、对话系统等任务。它们的出现和发展，进一步拓展了自然语言处理的应用范围，使得机器能够更好地服务于各行各业，提升工作效率和用户体验。

知识巩固

一、单选题

1. 深度学习的核心算法是（　　　）。
   A. 矩阵运算　　　　　　　　　　B. 人工神经网络
   C. 图形处理　　　　　　　　　　D. 语音识别
2. 《疑犯追踪》中的天眼机器所涉及的技术是（　　　）。
   A. 机器学习　　　　　　　　　　B. 自然语言处理
   C. 深度学习　　　　　　　　　　D. 影像识别
3. 人工神经网络的基本构成单位是（　　　）。
   A. 层　　　　　　　　　　　　　B. 神经元
   C. 数据　　　　　　　　　　　　D. 网格

4. 卷积神经网络的卷积层主要作用是（　　　）。

   A. 储存数据   B. 特征提取

   C. 控制计算速度   D. 调整权重

5. 循环神经网络最适合处理（　　　）数据。

   A. 影像   B. 时间序列

   C. 静态   D. 网页

6. 人工神经网络的（　　　）用于接收外部输入。

   A. 输出层   B. 隐藏层

   C. 输入层   D. 池化层

7. AlphaGo通过（　　　）学会围棋对弈。

   A. 图像识别   B. 深度学习

   C. 规则编写   D. 随机选择

8. 在卷积神经网络中，池化层的主要功能是（　　　）。

   A. 增加数据量   B. 减少数据量

   C. 生成新数据   D. 储存计算结果

9. 深度学习在语音识别中最大的应用是（　　　）。

   A. 辨识特定声音   B. 自然语言处理

   C. 智能语音助手   D. 声音合成

10. 自然语言处理中用于生成自然语言文本的模型是（　　　）。

   A. 卷积神经网络   B. 循环神经网络

   C. GPT   D. 深度神经网络

二、问答题

1. 简述深度学习与传统机器学习的主要区别。

2. 人工神经网络如何通过训练来进行学习？

3. 为什么卷积神经网络在图像识别中具有优势？

4. 循环神经网络的"记忆"功能如何运作？它在何种应用中表现出色？

5. 深度学习在现实生活中有哪些应用领域？

第六章
生成对抗网络

生成对抗网络是在2014年提出的一种深度学习模型。凭借其创新的架构和强大的生成能力，生成对抗网络迅速成为深度学习领域的热门话题。在该技术诞生之初，其生成影像模糊不清，内容难以辨识，但在当时，这已经是一个重大的突破。

而在生成对抗网络提出后的四五年间，各种基于生成对抗网络的变体和优化方法层出不穷，其生成图像的能力也愈发令人惊叹。这种快速发展的背后，离不开它独特的架构和训练机制。生成对抗网络人脸生成的演变过程如图6-1所示。从生成对抗网络刚提出时只能生成模糊、五官不自然扭曲的人脸，到2018年已经能够生成充满细节的高分辨率图像，甚至皱纹和发丝都栩栩如生，效果令人非常震撼。

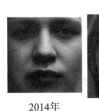   

2014年　　2015年　　2016年　　2017年　　2018年

图6-1　生成对抗网络人脸生成的演变过程

第一节　生成对抗网络的架构与学习过程

一、生成对抗网络的架构

生成对抗网络的核心思想是通过生成器和判别器之间的对抗性训练，使生成器能够产生以假乱真的数据。具体来说，生成器的目标是欺骗判别器，使其无法区分生成数据和真实数据；而判别器的任务则是尽最大努力区分真实数据和生成数据。这种对抗性的训练过程促使生成器不断改进，最终生成高质量的数据。

生成器是一个神经网络，负责生成数据。输入可以是一个给定的值、标签或文字指令，以及从简单分布（通常是正态分布）中抽样得到的向量，输出则是一张图像（或其他类型的数据）。生成器工作原理示意如图6-2所示。

图6-2　生成器工作原理示意

判别器是另一个神经网络，负责区分图像是来自真实数据还是生成的数据。例如，它的输入是图像，输出则是一个标量，用来表示图像的真实程度。数值越大表示越有可能是真实图像，数值越小则表示可能是生成图像。判别器工作原理示意如图6-3所示。如果柯基犬的图片是真实图像，判别器的输出值就越接近1；而如果边境牧羊犬的图片是生成图像，输出值就越接近0。

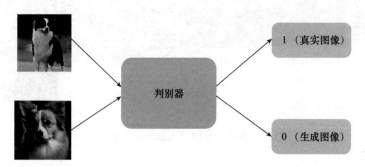

图6-3　判别器工作原理示意

生成器试图生成能够骗过判别器的数据，而判别器则尽力最大限度地区分真实数据和生成数据。二者相互对抗。这种对抗性机制促使两个网络在训练过程中相互提升，使生成器生成的数据越来越接近真实数据，而判别器的辨别能力也不断提高。这种对抗训练的过程，使得生成对抗网络在生成高质量数据方面表现出色，广泛应用于图像生成、数据增强等多个领域。

二、生成对抗网络的学习过程

生成对抗网络的学习过程可以分为以下几个步骤，其示意如图6-4所示。

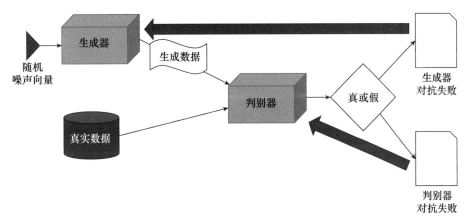

图6-4　生成对抗网络的学习过程示意

（1）初始化生成器和判别器的权重。

（2）从真实数据集中随机抽取一批样本，标记为真实数据。

（3）输入一个随机噪声向量到生成器中，生成一批虚假数据，标记为生成数据。

（4）将真实数据和生成数据一起输入判别器，计算判别器的损失，并更新判别器的权重，使其能够更好地区分真实数据和生成数据。

（5）固定判别器的权重，更新生成器的权重，使其能够生成更加逼真的数据，从而骗过判别器。

（6）重复步骤（2）—（5），直到生成器生成的数据足够真实。

这个过程的关键在于生成器和判别器之间的动态平衡：生成器生成的数据越逼真，判别器就越难区分；而判别器越能正确地区分真实数据和生成数据，生成器就需要具备更高的生成能力。通过这种对抗性训练，生成器和判别器不断相互提升，最终使得生成对抗网络能够生成极为逼真的数据。

第二节　生成对抗网络的应用

一、生成对抗网络的训练方法

这里简单介绍一下生成对抗网络的训练方法。首先，我们会初始化生成器和判别器的参数，然后反复进行以下两步操作。第一步，固定生成器的参数，训练判别器。在训练判别器时，我们将真实数据样本标记为1，生成数据样本标记为0，引导判别器区分真实数据和生成数据。第二，固定判别器的参数，训练生成器。当判别器的判别能力有所提升后，其判别结果将成为生成器学习的依据。生成器的学习目标是让自己生成的数据通过判别器后，得到的分数越接近1越好。第一个步骤提升了判别器的判别能力，第二个步骤则通过强化的判别器促使生成器提升数据的生成质量。接着，生成器又能够进一步提高判别器的判别能力，如此不断循环。

二、生成对抗网络典型的应用场景

1. 图像生成

生成对抗网络可以通过文字提示或修改现有图像来创建逼真的图像。它们能够在视频游戏和数字娱乐中帮助用户创造出逼真、身临其境的视觉体验；还可以用于图像编辑，例如将低分辨率图像转换为高分辨率，或将黑白图像转换为彩色图像，为动画和视频制作逼真的面部、角色以及动物形象；还可以用于生成高质量的图像，广泛应用于艺术创作、设计和图像合成等领域。前几年很流行的换脸功能就是生成对抗网络的典型应用。

2. 图像修复

生成对抗网络可以修复受损的图像，比如去除噪声、填补缺失部分等，使图像恢复原有的完整性。

3. 图像风格转换

生成对抗网络能够实现不同风格之间的转换，例如将照片转换为绘画风格，或将白天的场景转换为夜晚的场景；还可以对现有数据进行修改，例如将斑马转换为马。数据修改案例如图6-5所示。

图6-5　数据修改案例

4. 数据增强

在数据不足的情况下，生成对抗网络可以生成更多的训练数据，从而提高模型的性能和泛化能力。

5. 超分辨率重建

生成对抗网络可以提升图像的分辨率，生成更清晰、更高质量的图像。

6. 为其他模型生成训练数据

生成对抗网络可以利用现有数据生成经过修改的副本，人为扩大训练集的规模。生成具有现实世界数据特征的合成数据。例如，可以使用其生成欺诈性交易数据，利用这些数据训练另一个欺诈检测系统。这些合成数据可以帮助另一个系统更准确地识别和区分可疑交易与真实交易，从而提升检测效果。

7. 从2D数据生成3D模型

生成对抗网络可以通过2D照片或扫描图像生成3D模型。例如，在医疗领域，生成对抗网络可以结合X射线和其他身体扫描数据，生成逼真的器官图像，用于手术规划和模拟。这种技术为医疗保健提供了更精准的辅助，提升了手术的成功率和患者的安全性。

三、生成对抗网络的典型模型

除上述应用场景，生成对抗网络还有许多具体的模型变体，以下是几个经典模型。

- 条件生成对抗网络：可生成指定类别的图像（如特定发型、表情），动作生成需依赖特定变体模型。
- 辅助分类器生成对抗网络：可生成同一风格下具有不同属性的图像（如动漫角色的发型、肤色变化）。
- 循环生成对抗网络：可将一种图像风格转换为另一种（如将油画转换为照片），但需指定源域和目标域。
- 星形生成对抗网络：可将人物生成不同的面部表情，转换肤色、发色、性别等。
- 超分辨率生成对抗网络：可将分辨率较低的图片，生成较高分辨率的图片。

生成对抗网络是一种强大且灵活的深度学习模型，通过生成器和判别器之间的对抗性训练，实现了高质量数据的生成。其在图像生成、图像修复、风格转换等方面展现出巨大的潜力，已成为当前深度学习研究和应用中的一个重要方向。随着技术的不断进步，生成对抗网络的应用前景将更加广阔。

知识巩固

一、单选题

1. 生成对抗网络的基本组成包括（　　）。

　　A. 生成器和标签　　　　　　　　B. 生成器和判别器

　　C. 判别器和输出器　　　　　　　D. 判别器和分类器

2. 生成对抗网络生成器的目的是（　　　）。

  A. 生成真实数据   B. 生成可以欺骗判别器的数据

  C. 区分真实与生成数据   D. 储存真实数据

3. 生成对抗网络判别器的作用是（　　　）。

  A. 生成人造数据   B. 储存生成数据

  C. 区分真实数据和生成数据   D. 储存真实数据

4. 在生成对抗网络的训练过程中，（　　　）是必需的。

  A. 生成器的权重不变   B. 判别器和生成器的动态平衡

  C. 判别器不断生成新数据   D. 生成器保持固定输出

5. 生成对抗网络模型的核心训练方式是（　　　）。

  A. 生成数据   B. 强化学习

  C. 对抗训练   D. 随机训练

6. （　　　）可以用于分辨率提升。

  A. 循环生成对抗网络   B. 星形生成对抗网络

  C. 条件生成对抗网络   D. 超分辨率生成对抗网络

7. 生成对抗网络在图像风格转换中的应用包括（　　　）。

  A. 生成分辨率较低的图片   B. 将照片转换为绘画风格

  C. 将2D图像转换为3D模型   D. 储存多种图像风格

8. 在缺乏数据的情况下，生成对抗网络可以（　　　）。

  A. 减少数据需求   B. 自动分类数据

  C. 增加训练数据   D. 减少训练数据

9. （　　　）是生成对抗网络在医疗领域的典型用途。

  A. 合成2D图像   B. 虚拟医学手术规划

  C. 自动诊断疾病   D. 分析病历数据

二、问答题

1. 简述生成对抗网络的核心思想及其工作原理。

2. 生成对抗网络中的生成器和判别器如何进行对抗训练？

3. 生成对抗网络可以在图像生成中实现哪些应用？请至少列举三项应用。

4. 简述一种生成对抗网络的变体及其应用场景。

5. 生成对抗网络在缺乏数据的情况下是如何应用的？它对数据集有何影响？

第三部分

生成式人工智能速成学习

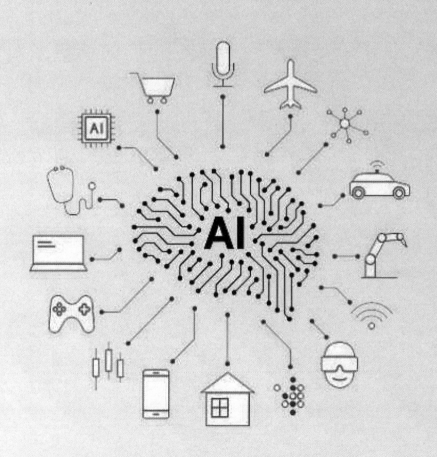

第七章

生成式人工智能的基础

生成式人工智能（Generative Artificial Intelligence，GAI）是指基于深度学习技术（如生成对抗网络、Transformer等）的模型，能够生成新的数据样本（文本、图像、音频、视频等）。

第一节　生成式人工智能概述

一、生成式人工智能与判别式人工智能的差异

生成式人工智能与判别式人工智能都是基于深度学习的重要技术，但二者的功能和应用场景有所不同。

判别式人工智能通过学习带有标签的数据，对输入数据进行识别和分类。它已经广泛应用于人脸识别、车牌识别、产品缺陷检测、疾病诊断等。

生成式人工智能则通过学习大量数据，自主生成新的内容。输入与输出的数据类型可以包括文本、语音、图像、视频、代码、3D模型等。

目前，生成式人工智能模型的构建主要依赖于深度学习架构、自监督学习、生成对抗网络等。这些架构为模型提供了强大的特征提取和模式学习能力。例如，ChatGPT可以根据用户输入的文字提示生成文章或回答。

然而，对于较专业的问题，这类基础模型可能无法提供令人满意的答案。此时，可以通过少量人工标签数据对模型进行微调，以定制化模型。这些定制化模型可以应用于绘图、设计、机器人控制等更专业的领域。

二、传统人工智能、对话式人工智能、通用人工智能与生成式人工智能的区别

为了更好地理解生成式人工智能的独特性，我们需要将其与其他相关概念进行区分。

1. 传统人工智能

传统人工智能主要基于预设的规则或算法执行特定任务，其性能提升通常依赖于人工对规则或算法的调整，而非从数据中自动学习改进。而生成式人工智能能够从数据中学习并生成新的数据实例。

2. 对话式人工智能

对话式人工智能涉及语音识别、自然语言理解、对话管理等多个环节，使机器能够理解人类语言并以人性化的方式回应。虽然生成式人工智能在对话式人工智能中用于生成自然流畅的回复文本，与对话式人工智能在生成类似人类文本方面有相似之处，但对话式人工智能的整体功能远不止于此，而生成式人工智能的应用范围更广，可生成多种类型的数据。

3. 通用人工智能

通用人工智能是指具备像人类一样广泛的认知能力，能够在各种不同的任务和环境中表现出高度自主性和适应性的系统（目前仍处于研究和探索阶段）。生成式人工智能可能是通用人工智能的一部分，但不等同。生成式人工智能侧重于生成新的数据实例，而通用人工智能则代表了更广泛的自主性和能力。

生成式人工智能的独特之处在于它能够生成各种类型的新数据实例，而不仅限于文本。这为开发虚拟助手、动态游戏内容，甚至生成合成数据以训练其他人工智能模型提供了可能，尤其是在真实数据难以获取的情况下。

生成式人工智能已经对企业应用程序产生了深远影响。它推动了创新、自动化创意工作，并提供了个性化的客户体验。许多企业将其视为生成内容、解决复杂问题以及改变技术与用户交互方式的重要工具。

三、生成式人工智能

生成式人工智能基于深度学习中生成模型的原理，如生成对抗网络、变分自编码器等，能够从数据中学习并生成新的数据实例。与传统机器学习模型不同，传统机器学习模型通常更侧重于分类、回归等任务，输出具体的预测结果，而生成式人工智能不仅学习数据模式，还能生成具有相似特征的新数据，更注重数据的生成和创造。

以下是生成式人工智能的工作原理。

1. 数据收集

收集包含目标内容类型的大型数据集，例如用于生成图像的图片数据集或用于生成文本的文字数据集。

2. 模型训练

使用人工神经网络构建生成式人工智能模型，并通过数据集进行训练，学习数据中的基本模式和结构。

3. 生成

训练完成后，模型可以从潜在空间取样或通过生成网络生成新内容。生成的内容是模型通过学习数据合成的结果。

4. 微调

根据具体应用场景，生成的内容可能需要进一步微调或后期处理，以提高质量或满足特定需求。

生成式人工智能的基础是深度学习，这是一种模仿人类大脑处理数据方式的机器学习方法。深度学习模型使用复杂的人工神经网络，由多个相互连接的层组成，模拟神经元处理和传递信息的方式。

第二节　生成式人工智能的模型

生成式人工智能通过学习大量数据，能够生成与原始数据相似的新数据。它主要依赖于深度学习技术，其中最常见的模型包括生成对抗网络、长短期记忆网络以及 Transformer 模型。

一、生成对抗网络

生成对抗网络由生成器、判别器两个功能模块组成。其运行方式是生成器通过反复生成假数据并调整参数，试图使生成的数据越来越接近真实数据。而判别器则不断辨别真假数据，并通过调整参数来提高识别能力。通过这种反复训练的过程，生成器逐渐学会生成更加真实的数据，判别器则不断增强辨别能力，从而形成一个不断进化的系统（详见本书第六章）。

二、长短期记忆网络

长短期记忆网络主要用于文本生成领域。它通过学习大量文本数据，记忆上下文信息，从而预测下一个单词。例如，假设有一个简单的文本数据集：猫坐在垫子上，当长短期记忆网络训练完成后，输入"猫"作为起始点，它会预测下一个最可能的词为"坐"。接着将"坐"作为新的起始点输入网络，继续生成下一个词，如此反复，直到生成一个完整的句子。

三、Transformer 模型

Transformer 是一种非常强大的人工神经网络模型，广泛应用于自然语言处理、图像处理、音频处理等生成性任务。其核心特点在于采用了注意力机制技术，能够帮助模型更加精准地理解输入数据。例如，ChatGPT就是基于Transformer模型构建的。

假设我们想让 ChatGPT 模型回答这样一个问题："小明喜欢吃什么水果？"可以这样提问："小明喜欢吃哪种水果？"对于这个问题，ChatGPT 首先会识别"小明"是人名，"水果"是食物类别。然后，通过注意力机制关注关键词"喜欢""吃""水果"，理解问题的含义。接着，ChatGPT 会基于训练数据，推测小明可能喜欢的水果，如苹果、香蕉、橘子等，并生成回答，如"小明喜欢吃苹果。"

Transformer 模型能够自动从数据中学习知识，并生成适当的回答，因此在各种生成性任务中表现出色。

知识巩固

一、单选题

1. 生成式人工智能的主要应用领域不包括（　　）。
   A. 图像生成　　　　　　　　　　B. 文章生成
   C. 音乐生成　　　　　　　　　　D. 错误数据识别

2. 生成式人工智能和判别式人工智能的主要区别在于（　　）。
   A. 前者生成新数据，后者分类数据
   B. 前者分类数据，后者生成新数据
   C. 前者用于安全识别，后者用于创意工作
   D. 前者只应用于图像生成，后者只应用于文本生成

3. 生成式人工智能模型的构建主要依赖（　　）技术。
   A. 监督学习　　　　　　　　　　B. 无监督学习
   C. 自监督学习　　　　　　　　　D. 半监督学习

4. 生成对抗网络中，用于生成假数据的是（　　）。
   A. 判别器　　　　　　　　　　　B. 生成功能
   C. 生成器　　　　　　　　　　　D. 校正器

5. 下列（　　）是生成式人工智能模型的应用示例。
   A. 人脸识别　　　　　　　　　　B. 车牌识别
   C. ChatGPT生成回答　　　　　　D. 选择性屏蔽网络数据

6. 长短期记忆网络主要应用于（　　）领域。
   A. 图像生成　　　　　　　　　　B. 文本生成
   C. 音乐生成　　　　　　　　　　D. 动画制作

7. Transformer模型的核心技术是（　　）。
   A. 自监督学习　　　　　　　　　B. 注意力机制
   C. 记忆存储　　　　　　　　　　D. 深度学习

8. 下列（　　）不是生成式人工智能的特点。

    A. 自动生成数据　　　　　　　　　B. 基于深度学习

    C. 只能生成文本　　　　　　　　　D. 能够生成不同类型的数据

9. ChatGPT基于（　　）训练而成。

    A. 长短期记忆网络　　　　　　　　B. 生成对抗网络

    C. Transformer模型　　　　　　　　D. 简单神经网络

10. 生成式人工智能对企业的主要影响不包括（　　）。

    A. 创新　　　　　　　　　　　　　B. 提升个性化客户体验

    C. 解决员工招聘问题　　　　　　　D. 支持自动化创意工作

二、问答题

1. 请简述生成式人工智能与判别式人工智能的主要区别。

2. 说明自监督学习在生成式人工智能模型训练中的作用。

3. 生成对抗网络的工作原理是什么？

4. Transformer模型如何利用"注意力机制"来处理数据？

5. 举例说明生成式人工智能在企业应用中的实际案例及其作用。

第八章
ChatGPT 及其应用

　　OpenAI公司推出的 ChatGPT 聊天机器人近年来在网络上迅速走红。它不仅能回答各种问题等，还能生成逼真的内容（如写程序、写文章、写信）。尽管ChatGPT界面是全英文的，但用户可以直接用中文提问，其回答内容专业性强，甚至不亚于人类。此外，对于相同的问题，反复询问或启用另一个机器人回答时，ChatGPT 会从不同角度提供多样化的答案。

　　当前，聊天机器人已成为各大企业和机构开发的热门项目，广泛应用于客服、教育、医疗等领域。本章将简要介绍聊天机器人，ChatGPT的工作原理，并讨论其应用场景，帮助读者更深入了解 ChatGPT 的应用范围和发展前景。

延伸学习

　　ChatGPT是由位于美国旧金山的 OpenAI公司开发。特斯拉创始人马斯克曾是OpenAI公司的创始人之一。OpenAI公司的成立理念是通过发展友好的人工智能技术造福人类，马斯克现已退出，微软成为其主要股东。

　　ChatGPT的英文效果最佳，但用户可以使用其他语言（例如中文）提问，ChatGPT 也能以该语言回复，GPT-4o新版本支持约50种语言。目前，用户可以免费使用GPT-3.5版本或试用GPT-4o，但使用GPT-4或GPT-4o的完整功能需订阅 ChatGPT Plus，目前费用为每月20美元。

第一节　聊天机器人

聊天机器人是一种模拟并处理人类对话的计算机程序，能够回复用户问题，并在收集和处理信息的过程中不断提升自己的回答能力。它通常通过文字、图形或语音帮助用户与 Web 服务或应用程序互动，并利用深度学习等技术，在执行任务的同时不断学习和改进。

聊天机器人可以是大型应用程序的一部分，也可以是完全独立的。它主要有两种类型，包括任务导向型聊天机器人和数据驱动型聊天机器人。

一、任务导向型聊天机器人

这类聊天机器人专注于执行特定功能，是单一用途的程序。例如，国内购物平台的客服机器人（如图8-1所示）就是一种任务导向型聊天机器人。

图8-1　国内购物平台的客服机器人

二、数据驱动型聊天机器人

数据驱动型聊天机器人具备预测性的回答能力，例如基于GPT模型的聊天机器人ChatGPT。

三、GPT 进化版

GPT是OpenAI开发的一系列大语言模型的核心技术，是底层模型。ChatGPT是OpenAI基于GPT模型开发的对话式人工智能产品，面向普通用户提供交互界面。ChatGPT的应用非常广泛。OpenAI 于2024年5月13日宣布推出全新的 GPT-4o 模型，该模型同时提供给 ChatGPT 免费版用户使用，虽存在限制，但相较GPT-4对普通用户更加开放。OpenAI 还在发布会上展示了 GPT-4o 的实时翻译和视觉场景识别功能。

1. GPT-4o 的卓越功能与多场景应用

（1）视觉能力。

GPT-4o 拥有出色的视觉处理能力，能够解释图像并能生成视觉内容，适用于图像识别、分析和生成等场景。

（2）记忆功能。

GPT-4o具备先进的记忆能力，可在长期交互中记忆信息，提供连贯且个性化的回应。

（3）高级数据分析。

GPT-4o能够快速处理和分析大数据集，生成详细报告，为企业及科研人员提供高效的数据支持。

（4）多语言支持。

GPT-4o支持约50种语言，可成为全球交流的多功能工具。

（5）GPT 应用商店。

GPT应用商店允许用户访问和下载各种 GPT-4o 插件和扩展，增强模型功能并满足个性化需求。

2. GPT-4o与GPT-4 Turbo的对比

GPT-4 Turbo是GPT-4系列中的一个高效优化版本。GPT-4o 已向开发者开放，相较GPT-4 Turbo具备以下优势。

（1）速度提升两倍。

GPT-4o 的响应速度是 Turbo 版本的约两倍，减少延迟，提升用户体验。

（2）成本降低。

GPT-4o更具性价比，成本比GPT-4 Turbo 降低约50%，适合各类用户。

（3）速率限制大幅提升。

GPT-4o的速率限制大幅提升，意味着应用程序能够支持高并发请求，适用于高需求场景。

3. 高级应用场景

GPT-4o 的多模态能力开启了多个领域的高级应用场景，能够处理和生成文本、音频与视觉内容，提升效率、创造力和可访问性。其高级应用场景包括以下几方面。

（1）医疗健康。

①虚拟医疗助理：通过视频通话与患者互动，识别症状，提供初步诊断或建议。

②远程医疗增强：支持实时转录与翻译，确保全球患者的清晰沟通。

③医学培训：模拟真实场景，为医学生提供互动学习体验。

（2）教育。

①互动学习工具：提供个性化辅导，结合视觉辅助解释复杂概念。

②语言学习：支持多种语言，识别和纠正发音。

③教育内容创作：生成多媒体教学材料，增强学生学习体验。

（3）客户服务。

①增强的客户支持：通过文本、音频和视频处理咨询，提供人性化支持。

②多语言支持：支持多种语言，适用于全球客服。

③情感识别：通过语音和面部表情识别情绪，提供情感识别服务。

4. 个性化的回应

（1）内容创作。

①多媒体内容生成：生成带图像和视频的文章。

②互动故事创作：用户可通过文本或语音与角色互动，提升故事体验。

③社交媒体管理：分析趋势，生成多语言帖子。

（2）商业与数据分析。

①数据可视化：可解释复杂数据并提供可视化展示。

②实时报告：提供文本、视觉和音频汇总的最新报告。

③虚拟会议：转录、翻译对话并提供视觉辅助，提升沟通效率。

（3）无障碍辅助。

①辅助技术：可通过语音激活、实时转录和翻译，帮助残障人士提升信息和沟通的无障碍性。

②手语翻译：利用视觉能力，可实时将手语转为文本或语音，方便听障人士。

③导航辅助：对视障人士可提供环境音频描述，辅助导航与物体识别。

（4）创意艺术。

①数字艺术创作：艺术家可与 GPT-4o 协作，通过文本提示和模型生成的视觉元素创作数字艺术。

②音乐创作：凭借理解与生成音频的能力，GPT-4o 可用于作曲、音景创建及歌词撰写。

③电影和视频制作：电影制作人可使用 GPT-4o 进行剧本创作、分镜绘制及视觉效果生成，简化创作流程。

四、Canvas

Canvas 是基于 GPT-4o 模型开发的新一代写作与编程设计界面。它突破了传统文字对话的限制，将 ChatGPT 的应用扩展到更灵活的工作环境中，使使用户能够便捷地编辑文本和调整代码，并与 ChatGPT 协作完善内容和创意。它的核心功能如下。

（1）写作辅助：提供编辑建议，调整文本长度，选择合适的阅读难度，并可添加表情符号等功能；无论是短篇文章、社交媒体文案还是长篇论文，Canvas 都能帮助用户快速完成，提高写作效率。

（2）编程辅助：支持代码检查，添加日志和注释，修复错误，甚至能将代码转换为不同编程语言（如 JavaScript、Python 等），提升开发效率。

（3）智能编辑：通过分析，智能判断是否需进行调整或完全重写，使文本更符合用户需求。

（4）内联反馈：用户可以标记特定部分，Canvas会及时提供相关建议，方便在写作和编程时进行微调和完善。

使用Canvas非常简单，用户只需在命令列输入启用画布功能，即可启用功能。

在Canvas中，人工智能会根据输入内容自动判断是写作还是编程，并提供相应的快捷键和功能按钮，帮助用户完成各种操作。

用户也可以在ChatGPT指令中输入"使用Canvas"来直接进入Canvas界面，继续处理已有的内容。

进入Canvas界面后，右下角会有以下两种快捷键。

（1）写作快捷键。

写作快捷键包含以下功能。

① 新增表情符号：自动加入合适的表情符号，使文章更生动有趣，非常适合用于社交平台帖文。

② 修饰：进行语法检查、修正错字，并优化表达流畅度，使文章读起来更自然流畅。

③ 阅读等级调整：提供不同阅读等级选项，从幼儿园到大学，适应不同年龄层读者的理解需求。

④ 调整长度：可依需求提供精简内容或详细解说，灵活调整文章长短，使文章更符合使用场景。

⑤ 建议编辑：根据文章内容提供编辑建议，帮助发现潜在的改进点，进一步提升文章质量。

（2）写程序快捷键。

① 新增注释：为程序代码加入详细注释，说明每个部分的用途，增强代码的可读性和易理解性。

② 新增日志：添加错误日志，便于追踪程序执行情况，快速定位并解决问题。

③ 修复错误：自动检查并修复代码中的错误，减少调试时间，提高开发效率。

④ 转换为其他编程语言：支持将代码转换为其他编程语言，例如Java、Python、JavaScript等。

⑤ 程序代码评论：提供关于代码结构和效能的建议，帮助用户优化代码质量。

Canvas是ChatGPT的重大突破，为用户提供了更直观的写作与编程体验。通过提供结构化建议、段落优化、文献管理和引用等功能，Canvas不仅能实时提供反馈与协作支持，还具备版本控制与智能摘要重写功能，显著提升工作效率和文档质量。无论是撰写文章、编辑内容，还是进行程序开发，Canvas都能帮助用户更高效、更轻松地完成各类任务。

第二节 ChatGPT 的工作原理

GPT是一种基于 Transformer 模型的深度学习架构，专门用于处理和生成自然语言。它最早可以追溯到 2018 年 OpenAI 发布的初代 GPT 模型。GPT 通过大量的预训练数据集，如网络文章、书籍和对话记录等，以自监督学习的方式学习语言结构和知识，并利用注意力机制捕捉上下文信息，从而生成连贯且符合语境的回复。

一、ChatGPT 指令

ChatGPT指令是一种与 ChatGPT 交流的特定方式，我们提供一组提示词，它就会按照要求执行任务。提示词可以是一个简单的问题，也可以是包含多个段落的复杂指令。

由于 ChatGPT 的数据量庞大，直接提问可能会得到比较笼统的回答。因此，用户需要通过"限制条件""设定目标""提供案例""提出准确问题"等方式，引导它生成符合用户预期的答案。

一个好的 ChatGPT指令通常满足以下方面。

（1）告诉它应该扮演什么角色。

（2）说明用户会提供哪些信息，并说明它该如何处理这些信息。

（3）将第一条具体指令放在引号中。

（4）尽管 ChatGPT 自身并无特定身份，但设定一个角色可使其回答更贴近实际，通常能提供更优质的答案。

此外，一个好的指令还应该对格式和内容提供具体说明，如大致的方向建议，最好还能提供一些例子，帮助它更好地理解。

二、指令提问

1. 有效的指令提问

如果说 ChatGPT 回答问题的原理是根据用户提问的语义和情境，在其数据库中找出下一句出现概率最高的句子，那么原则上，它并不理解答案和问题之间的关系，它只知道在它的数据库中，这样的组合概率最大。因此，按照它的规则提问时，指令的编写逻辑就很简单，关键在于限制问题的语义和情境。通过缩小范围，可以避免模糊的答案。因此，用户需要定义好数据库范围和规则，并在这些规则中提问。

具体来说，可以从两个层面入手，即提高 ChatGPT 从数据库中提取信息的精度以及提出具体的问题。

这可能有点难理解，所以我们可以把它设想成一个情境：你现在是一个侦探，面前有一个委托人，他的贵重物品丢失了，但他不确定是在哪个房间或哪个时间段丢失的。他希望你能通过调查找到线索。

那么，你需要做的事情可以分为几个步骤。首先，你会向委托人询问一些基本信息（例如，丢失物品的具体描述、家中房间的布局、最后一次见到物品的时间等）。然后，你会根据这些信息开始调查，但不会直接假设某个房间或某个人，而是先通过一些细节问题来缩小范围（例如，询问委托人家中是否有异常情况、是否有访客到访等）。

确认了初步线索后，委托人需要将问题描述得更具体（例如，某个房间的某个抽屉、某个时间段的监控记录等）。在调查过程中，你还需要多次验证（例如，询问委托人是否遗漏了某些细节，是否需要补充更多信息等），以防止出现信息偏差，导致调查方向错误。

将上述情境转换成向 ChatGPT 提问的场景，步骤如下。

（1）设定角色：告诉它需要扮演的角色，并验证是否符合要求，同时描述该角色的基本特征。

（2）提出具体问题：明确、具体地提出用户真正的问题。

（3）分解推理过程：要求它逐步推理，以避免产生不准确的答案。

（4）正式提问：提供回答规则，说明用户会提供哪些内容，并规定回答的格式。

（5）追问：让它提供更多细节或进一步解释，以确保答案的准确性。

通过这些步骤，用户可以更有效地利用 ChatGPT，获得更加准确和有价值的回答。

2. 设定角色

假设你是餐饮业者，在这个领域中，根据厨师的能力，可以分为米其林主厨、五星级大厨、普通餐厅大厨、学徒和初学者等。这些能力等级的信息都存储在 ChatGPT 的数据库中，你的目标是利用这些数据来回答问题。

当然，在提问时，你可以让 ChatGPT 扮演一位五星级大厨来回答问题，指令可以这样写："我要你扮演一位五星级大厨，回答我关于烹饪的问题……"通过这种描述，你可以直接调用 ChatGPT 中的数据库，让它手把手地教你。

3. 让 ChatGPT 扮演角色

一个技巧是，在每次请求时，指令应该为 ChatGPT 设定一个角色以筛选出最合适的解决方案。

以下是两个扮演角色指令示例。

示例1：导游

"我要你当导游。我会告诉你我的位置，你会建议我附近有哪些可以参观的地方。在某些情况下，我还会告诉你我想去的地方类型。我的第一个指令是：我在北京，我只想参观博物馆。"

示例2：面试官

"我想让你担任面试官。我将作为候选人，你将向我提问与该职位相关的面试问题。我希望你只作为面试官来回答，不要一次列出所有问题。我希望你一步步地对我进行面试，问我问题后等待我的回答。不要写解释。像面试官一样一个个提问，等我回答。我的第一句话是：你好。"

那么，为什么要让ChatGPT扮演某个角色，而不是直接提问呢？

关于这一点，我询问了ChatGPT：如果我在指令中加上"你扮演一位医生"和不加该提示语，分别让你回答一些比较专业的医学问题，会有什么不同？

ChatGPT回答如下。

加上"你扮演一位医生"的提示语和不加提示语的区别主要体现在以下几个方面。

（1）回答角度和细节深度。

① 加提示语（"你扮演一位医生"）。模型会更加注重从医学专业的角度回答问题，提供更详尽的医学解释。例如，可能会列出诊断过程、医学术语和可能的治疗方案，并强调从医生角度应如何评估病情。

② 不加提示语。模型会以更通俗易懂的语言回答问题，注重普遍性和易理解性，避免过于专业的术语或复杂的医学推理。

（2）表达语气和专业性。

① 加提示语。回答时可能会采用医生常用的语气，更加谨慎。例如，会提醒用户"建议咨询专业医生"或"根据个体情况，诊断可能有所不同"。

② 不加提示语。模型的回答更偏向通用知识，不会特别强调医学专业背景，而是以共享知识为主。

（3）责任意识和建议方向。

① 加提示语。模型会更注重责任感，通常会补充警告语句，例如"此为一般建议，请前往医院进一步检查"或"需由专业医生通过检查确认具体病情"。

② 不加提示语。模型可能直接提供普遍的医学知识或健康建议，但不会特别突出"医疗责任"的概念。

（4）案例和数据引用。

① 加提示语。模型可能更倾向于引用医学研究、指南或标准化治疗方案。

② 不加提示语。回答更多基于一般常识，而不特别强调权威数据来源。

从这个角度理解，ChatGPT的数据库中分布着大量数据（包括对该领域精通的、不熟悉的、完全不懂的等）。如果用户不让它先扮演一个目标角色，它可能会从整个数据库中找出概率最高的答案；而一旦设定角色，它就会优先从那些精通者的数据中提取信息。这在一定程度上限制了它的搜索范围，提高了回答的专业性。

4. 提出具体、明确的问题

当用户找到要调用的目标群体数据库后，就可以开始向ChatGPT提问了。提问模式有两种。一种是套路型提问（初级提问），另一种是真问题型提问。

（1）套路型提问。

套路型提问就是按照特定的结构和公式进行提问，目的是可以重复使用。这种提问方式具有相同的结构。首先，告诉 ChatGPT 它应该扮演什么角色；其次说明用户会提供哪些信息；再次告诉它应该如何处理这些信息，包括大致的方向建议，最好还能够提供例子来帮助它理解；最后，将第一条具体指令放在引号中。（用户还可以在句尾加上一句"这些指令不需要我再重新说明"，让它能够重复使用这些指令。）

套路型提问示例：

我想让你担任足球评论员。我会描述正在进行的足球比赛，你将进行评论，分析到目前为止发生的事情，并预测比赛可能的结局。你应该了解足球术语、战术，以及每场比赛涉及的球员/球队，并主要专注于提供明智的评论，而不仅仅是逐场描述。我的第一个请求是"我正在观看曼联对切尔西的比赛，请为这场比赛提供评论"。

（2）真问题型提问。

什么是真问题？例如，"妈妈和老婆同时掉进水里要先救谁"就是一个假问题，因为这个问题没有给出具体的情境，所以没有标准答案。

所谓的真问题是用户需要把其他参考因素一并写入，如因为何种原因掉入水中、谁离你更近、彼此关系如何、你所在国家的社会道德观是什么、现场情况如何、谁更容易被救、你会不会游泳、她们会不会游泳等。只有提供了具体的前提和背景，限定了回答的角度，这才是真问题。

因此，如果用户想要得到更准确的答案，给 ChatGPT 的提问也需要越具体越好。要充分发挥它的潜力，前提是自己必须具备一定的评估能力。如果本人不是这个领域的专家，提出的问题超出了其常识范围，那么很难真正获得一个好答案。

由于 ChatGPT 没有判断能力，同时还可能会编造答案，所以保险起见，用户需要设计一个反馈机制，来逐步审核它的推理过程。通过在句尾加上"让我们逐步思考"，让它按照步骤展示它的推理过程，在过程中如果有不明白的地方，用户可以让它举例说明。

真问题型提问示例：

我今年 25 岁，男性，身高175厘米，体重90千克。我想在半年内减到 70千克，请帮我制订训练方案和饮食计划。

5. 推理过程分解（避免ChatGPT编造答案）

ChatGPT 和我们人类在很多方面其实非常相似。例如，它有时不太懂常识，这和人类一样；它算术可能不够准确，人类也是如此；它的推理有时候不够好，人类也有同样的情况；有时它会编造答案，人类也会出现这种情况；它的思考速度有时候会很慢，人类也一样；它只能理解有限的上下文，人类同样如此。

我们在使用ChatGPT 时，并没有给它真正思考的空间。它不像人类一样能用草稿做计算，也不能利用工作记忆来储存中间步骤，而是直接给出答案。但是，如果我们能让它像人类一样，把一个需要多步推理的问题分解成一个个子问题，这将有助于提高它的答案质量。

事实上，这个方法已经被证明是有效的。为了提升 ChatGPT 的回答逻辑性，我们可以通过三种方法来改进，即思维链、提出子问题、给出多种方案。这些方法的本质都是引导 ChatGPT 给出中间的推理步骤，而不是直接给出结果。（随着 ChatGPT 本身逻辑性的提高，如 GPT-4 已经具备一定的常识，有时候可以直接给出很好的答案，而不需要额外使用这些方法。）

（1）思维链。

思维链的方法主要是利用 ChatGPT 作为一个文本预测器的特性，即需要尽量保持上下文的连贯性。我们可以通过改写指令或示例来引导ChatGPT 给出中间的推理步骤，而不是直接给出结果。

思维链主要分为两种，一种是在指令后面加上"让我们一步一步地思考"，另一种是展示一个相似问题的推理过程，告诉 ChatGPT 应该这么做。两者区别在于前者没有给出推理的示例，而后者至少会给出一个示例。

（2）提出子问题。

在解决复杂问题时，往往需要将问题分解成更小的子问题进行逐步推理。提出问题是一种让ChatGPT根据问题自动提出子问题的方法。通过这种方法，ChatGPT可以先判断一个问题是否需要分解成子问题，然后逐一解决这些子问题，最终得出完整的答案。

示例：

客户咨询为"我刚在3月1日买了一件T恤。我看到它在打折，所以买了一件原价210元的衬衫，并享受了40%的折扣。我看到你们的衬衫有50%的新折扣。我想知道我是否可以退回这件衬衫并有足够的商店积分来购买您的两件衬衫？"

指令为"你是一名客户服务代理，负责友好地响应客户的询问。商店允许在30天内退货。今天的日期是3月29日。目前所有T恤均有50%的折扣。商店的衬衫价格在126元到700元之间。请勿编造有关折扣政策的任何信息并给出回复文案。"

ChatGPT回答为"感谢您的查询。很遗憾，由于您是在3月1日购买的这件衬衫，因此不在我们30天退货政策范围内。但是，我们目前对所有T恤均有50%的折扣，因此您可以使用相同的商店积分购买两件T恤。我们衬衫的价格从126元到700元不等。如果您有任何问题，请告诉我们。"

从上述示例可以看出ChatGPT对于未提出子问题的提问方式，其回答是错误的。正确方法如下。

指令为"你是一名客户服务代理，负责友好地响应客户的询问。商店允许在30天内退货。今天的日期是3月29日。目前所有T恤均有50%的折扣。您商店的衬衫价格在126元到700元之间。请勿编造有关折扣政策的任何信息并给出回复文案。在回答询问之前必须解决以下子问题。

① 确定客户是否在30天的退货窗口内。

② 计算如果客户退回衬衫，他们将获得的商店信用额度。

③ 计算两件衬衫在当前50%折扣下的成本。

④ 确定客户是否有足够的商店信用额度来购买两件衬衫。

确定客户是否在30天的退货期限内。让我们一步一步来。"

ChatGPT回答为"是的，客户在30天的退货期限内。客户于3月1日购买了这件衬衫，今天的日期是3月29日，在30天的退货期限内。因此，客户有资格退回T恤并获得购买的商店积分。客户可以使用商店积分以当前50%的折扣购买两件衬衫。"

（3）给出多种方案。

该方法可要求ChatGPT针对同一问题生成多个可能的解决方案或视角，通过对比和迭代优化最终答案。这可以避免模型"懒惰"或陷入单一思维路径。通过对比不同方案，用户可更直观理解逻辑漏洞或隐含假设。例如，用户可输入指令："请针对【××问题】提供3种不同的解决思路，并分析每种方案的优缺点。"

三、工作原理

当用户输入一个问题或开始一段对话时，ChatGPT 会将输入的文本传递给模型进行处理。模型首先对输入内容进行理解和分析，识别其中的关键字和语境信息，然后基于其庞大的训练数据和内部数据库生成最适合的回复。

示例1：

用户输入为"什么是量子计算？"

ChatGPT回复为"量子计算是一种利用量子力学原理来进行计算的计算技术。与传统的经典计算机依赖二进制比特（0和1）来处理信息不同，量子计算机使用量子比特来进行计算。

量子计算的核心概念如下。

（1）叠加原理：量子比特可以同时处于0和1的叠加状态，而不是像经典比特只能是0或1。这意味着一个量子比特可以同时表示多个状态，从而大大提高计算能力。

（2）纠缠原理：多个量子比特可以通过量子纠缠相互关联，当一个量子比特的状态改变时，另一个量子比特的状态也会立即改变，无论它们之间的距离有多远。纠缠使得量子计算机能够在某些问题上以指数级速度处理信息。

（3）量子干涉：通过操纵量子比特的状态，量子干涉可以用来加强正确答案的概率，同时减少错误答案的概率，从而提高计算的准确性和效率。

量子计算被认为在解决某些特定类型的问题上具有巨大的潜力，例如：

（1）密码学：破解传统加密方法，比如基于大数分解的加密技术。

（2）化学和材料科学：模拟分子和材料的量子行为，以加速新药物和材料的开发。

（3）优化问题：解决大规模优化问题，如物流、供应链管理、金融风险分析等。

尽管量子计算具有巨大的潜力，但要实现实用的量子计算机还面临许多挑战，例如量子比特的易变性（即量子退相干），以及如何大规模地制造和维持稳定的量子比特阵列。

量子计算目前仍处于发展阶段，但一旦成熟，它可能会彻底改变计算领域，带来比经典计算机更强大的计算能力。"

通过示例1可以看出，ChatGPT 通过识别问题中的关键词"量子计算"，检索和整合相关知识，提供了一个全面且准确的解释。

示例2：

用户输入为"帮我写一封请假邮件，说明家中有急事，需要请假两天。"
ChatGPT回复如下。

"尊敬的[领导]您好，

由于家中有急事，我需要从2024年8月24日起请假两天，预计在8月26日返回工作岗位。请您理解并批准我的请假申请。

在我请假期间，我会确保将手头的工作交接好，以保证工作进展不受影响。如果有任何紧急情况，您可以通过电话或邮件联系我，我会尽力协助处理。

非常感谢您的理解与支持。

祝好！

[姓名]

[职位]

[联系方式]"

通过示例2可以看出，ChatGPT 理解了用户的需求，按照正式邮件的格式和礼仪，生成了一封得体的请假邮件模板，用户只需填入具体信息即可使用。

四、多语言支持

目前，ChatGPT支持包括英语、中文、日语等多种语言的交流。然而，需要注意的是，由于ChatGPT模型的训练数据以英文为主，因此在处理其他语言时可能会存在一定的限制，表现可能不如处理英文内容时那么出色。但随着训练数据的不断丰富和模型的持续优化，这些限制正在逐步改善。

ChatGPT的多语言支持能力使其在全球范围内得到了广泛的应用。以下两个案例展示了ChatGPT在多语言环境中的应用。

案例1：跨国企业的客户支持

一家跨国企业在全球多个国家和地区设有办事处，其客户群体分布广泛，使用多种不同的语言。为了提供一致的客户支持体验，该公司决定利用ChatGPT的多语言能力来改进客户服务。

（1）自动化客户支持。通过ChatGPT模型，该企业能够为其客户提供多语言支持服务。客户可以使用他们的母语发送问题或请求，ChatGPT会根据输入的语言生成相应的回复，帮助客户解决问题。这减少了对多语言支持团队的需求，同时提高了响应速度。

（2）实时翻译。在跨国会议或跨团队沟通中，ChatGPT的多语言支持功能被用作实时翻译工具。员工可以使用他们最熟悉的语言进行沟通，ChatGPT会自动翻译成对方的语言，从而消除语言障碍，提高沟通效率。

案例2：多语言教育平台

一个在线教育平台旨在为全球学生提供学习资源，内容涵盖多个学科。为了吸引来自不同语言背景的学生，该平台决定利用ChatGPT的多语言能力提供内容翻译和课程支持。

（1）内容翻译。平台上的教育内容，如课件、视频字幕和学习资料，可以通过ChatGPT进行自动翻译，从而使不同语言的学生能够访问相同的内容。这种自动化翻译提高了内容的可访问性和覆盖面，增加了学生的多样性。

（2）多语言辅导。学生在学习过程中可以使用他们的母语向平台提问，ChatGPT根据问题生成回答。无论学生使用的是何种语言，ChatGPT都能提供及时且准确的辅导和帮助，增强了学生的学习体验。

这两个案例展示了ChatGPT多语言支持的强大功能，不仅提升了跨国企业的客户服务能力，还促进了全球范围内的教育资源普及。

借助先进的深度学习技术，ChatGPT 能够高效理解并回应用户的各种问题，应用范围广泛，涵盖了从知识问答到内容创作的多个领域。随着人工智能技术的不断发展，ChatGPT 在未来有望为人们的工作和生活提供更多便利和支持。

第三节　ChatGPT 的应用场景

ChatGPT 作为一个强大的自然语言处理工具，有许多应用场景，涵盖了从个人使用到企业解决方案的广泛领域。以下是一些典型的应用场景。

一、客户服务

自动化客服：ChatGPT 可以被集成到企业的客户服务系统中，用来回答常见问题，处理简单的客户请求，如订单查询、退换货信息等，提供24小时的自动化服务。

实时聊天支持：在网站或应用程序中提供实时的聊天支持，用户可以即时获得帮助，而无须等待人工客服。

二、内容创作

文本生成：ChatGPT 能够生成各种类型的文本，如博客文章、社交媒体帖子、产品描述等，帮助内容创作者提高效率。

写作辅助：为作家和学生提供写作灵感，自动化生成段落或章节，甚至可以帮助校对和编辑文本。

三、教育与培训

个性化辅导：ChatGPT 可以根据学生的需求提供定制化的学习建议、解答问题、解释概念，支持多语言的教学环境。

在线课程助手：作为在线学习平台的辅导工具，帮助学生理解复杂的主题，提供即时反馈和练习题答案。

四、语言翻译

多语言支持：ChatGPT 能够在不同语言之间进行翻译，支持跨语言沟通，适用于多语言内容创建和全球化业务扩展。

实时翻译：集成在聊天应用中，帮助用户与不同语言背景的人进行无障碍的交流。

五、个人助理

日常任务管理：ChatGPT 可以作为个人助理，帮助管理日程、设置提醒、安排会议等。

信息查询：用户可以通过ChatGPT快速获取信息，如天气预报、新闻摘要、产品信息等。

六、医疗健康

症状检查：ChatGPT 能够根据用户描述的症状，提供初步的健康建议，并建议是否需要就医。

患者教育：为患者提供疾病知识、健康生活建议，帮助他们更好地理解和管理自己的健康状况。

七、市场营销

营销文案：自动生成广告文案、邮件内容、社交媒体宣传语等，提升市场营销团队的效率。

消费者洞察：通过分析用户反馈和社交媒体内容，帮助企业更好地了解消费者需求和市场趋势。

八、文化创意产业

游戏开发：在游戏开发中，ChatGPT 可以帮助生成游戏对话、情节发展，甚至是虚拟角色的个性化设定。

影视剧本：辅助编剧创作剧本，提供情节发展建议或编写特定场景对白。

九、法律与咨询

法律咨询：为用户提供法律概念解释、常见法律问题的解答，帮助用户更好地理解法律条文和程序。

合同草拟：自动生成或校对法律文书、合同草案，协助法律团队提高工作效率。

十、科研与数据分析

研究助手：帮助研究人员生成研究报告、整理文献综述，甚至提出研究假设和分析建议。

数据分析辅助：提供对数据分析结果的文本解读，帮助非专业人员理解复杂的数据分析结果。

以上场景展示了 ChatGPT 的多功能性和广泛的应用潜力，不仅可以用于提升个人效率，还能为企业提供更智能化的解决方案。

知识巩固

一、单选题

1. ChatGPT 使用（　　）模型进行训练。
   A. 卷积神经网络　　　　　　　B. 循环神经网络
   C. Transformer　　　　　　　　D. 生成对抗网络
2. ChatGPT 的主要特点不包括（　　）。
   A. 多语言支持　　　　　　　　B. 自动学习和改进能力
   C. 提供人性化回答　　　　　　D. 单一应用场景
3. ChatGPT 的母公司是（　　）。
   A. 微软　　　　　　　　　　　B. 谷歌
   C. OpenAI　　　　　　　　　　D. 特斯拉
4. （　　）版本的 ChatGPT 支持约 50 种语言。
   A. GPT-2　　　　　　　　　　B. GPT-3.5
   C. GPT-4o　　　　　　　　　　D. GPT-1
5. ChatGPT 提供个性化回应的技术基础是（　　）。
   A. 深度学习　　　　　　　　　B. 神经网络
   C. 记忆功能　　　　　　　　　D. 图像识别
6. ChatGPT 的（　　）功能适合用于视频内容生成。
   A. 高级数据分析　　　　　　　B. 视觉能力
   C. 多语言支持　　　　　　　　D. 客户服务

7. 使用 ChatGPT 的高级功能（如GPT-4的高级功能）需要支付（　　）。

    A. 10美元   B. 20美元

    C. 30美元   D. 免费

8. ChatGPT 主要基于（　　）方法。

    A. 监督学习   B. 无监督学习

    C. 自监督学习   D. 增强学习

9. Canvas 的主要应用场景不包括（　　）。

    A. 写作辅助   B. 代码检查

    C. 手语翻译   D. 文本调整

10. ChatGPT 能够提供连续对话，这主要依赖（　　）特性。

    A. 记忆功能   B. 视觉处理

    C. 语音识别   D. 情感分析

二、问答题

1. 简述 ChatGPT 的核心技术原理及其应用场景。

2. 举例说明 GPT-4o在医疗健康领域的应用。

3. 说明 Canvas 的核心功能及其对用户工作的影响。

4. 说明 ChatGPT 如何利用指令提高回答的准确性和相关性。

5. ChatGPT 如何实现多语言支持？其主要应用场景有哪些？

第九章

其他 AIGC 应用工具

人工智能生成内容（Artificial Intelligence Generated Content，AIGC）是指利用生成式人工智能技术生成的具体内容，强调生成结果的"产品化"与"应用场景"。AIGC更侧重于生成全新的、原创的内容，而GAI则更侧重于技术层面，强调通过生成模型实现数据生成的能力。

第一节　AIGC

AIGC即人工智能生成内容，简单来说，就是通过人工智能来创作内容。

AIGC与人工智能的区别如下：

人工智能是一种涵盖广泛技术的总称，其目的是让机器模仿人类的智慧和行为，包括理解、学习、推理和解决问题等多个方面，应用范围非常广泛。

AIGC是人工智能的一个具体应用领域，侧重于模仿人类的创造力和表达能力，生成各种形式的内容，如文字、图像、视频等。

AIGC的原理是人工智能通过学习大量数据，根据用户提供的文字指令进行语义理解，并生成符合需求的内容。随着人工智能时代的到来，使用 AIGC 技术生成文字、图像、音视频等需求内容已成为一种趋势。

　　随着AI的快速发展，AIGC的形式也日益多样化。除了最基本的图片生成和文本生成外，AIGC还可以应用于语音、影像、音乐、设计、编程等领域。当然，还有更多值得我们去探索的可能性。

第二节　文本生成工具

　　如果想要使用 AIGC 生成文本或对话，除了前文介绍的 ChatGPT 外，国内外还有多种知名基于大语言模型或多模态大模型的文本生成工具。

一、国外的文本生成工具

1. Claude

　　由 Anthropic公司开发，侧重于安全性和可控性，适用于生成高质量的文本内容。Claude除了用于生成文字，它的特别之处在于能够通过自然语言处理模型生成代码，即使是没有系统学习过编程语言的人，也能在短时间内完成网页设计或游戏动画。此外，Claude 还加入了实时预览功能，使其在生成代码的同时，用户可以在操作界面预览代码执行后的效果。

2. Gemini

　　由谷歌发布，之前的测试版命名为 Bard，现在已升级并更名为 Gemini。Gemini利用人工智能协助用户获取信息、解决问题，并激发创造力。它的功能类似于ChatGPT，支持聊天对话和文字生成，用户可以通过单击"重新生成回应"来获得不同的回答。

3. Copilot

　　由微软推出的人工智能聊天助手，支持自动生成文本。用户可以通过登录其官网，使用免费微软账户与其互动。

4. Llama

　　由 Meta公司开发的 Llama模型，是目前全球最强大的开源大模型之一。
Llama模型具有以下特点。
　　（1）包含80亿、700亿和4050亿三个参数规格，最大上下文长度提升至128 KB，支持多语言，原始码生成性能优异，具有复杂的推理能力和工具使用技巧。

（2）提供开放和免费的模型权重和源码，允许用户进行微调，支持在任何平台上部署。

（3）提供 Llama Stack 类应用编程接口，方便整合使用，支持协调多个组件，包括调用外部工具。

（4）可以下载后在本地进行部署。

二、国内的文本生成工具

1. 文心一言

由百度推出的文本生成工具，专注于中文语境下的文本生成，广泛应用于教育、文案撰写、对话机器人等领域。其界面如图9-1所示。

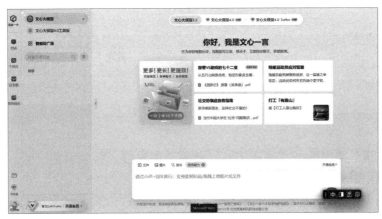

图9-1 文心一言界面

2. Kimi

由清华大学参与合作研发的文本生成工具，主要针对科研和学术领域，能够生成高质量的学术论文和技术文档。其界面如图9-2所示。

图9-2 Kimi界面

3. 讯飞星火

由科大讯飞推出的文本生成工具，擅长自然语言处理和语音识别，广泛应用于语音转文本、智能客服、教育等场景。其界面如图9-3所示。

图9-3 讯飞星火界面

4. 豆包

由字节跳动推出的文本生成工具，涵盖通用模型、语音识别模型、语音合成模型、文生图模型等多款模型。其界面如图9-4所示。

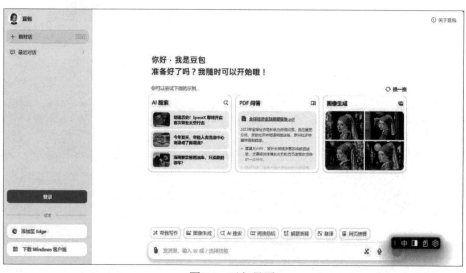

图9-4 豆包界面

5. 阿里巴巴M6

由阿里巴巴推出，是一款超大规模的多模态生成模型，能够处理包括文本、图像、视频等多种数据形式，广泛应用于电商、营销等领域。其界面如图9-5所示。

图9-5　阿里巴巴M6界面

6. DeepSeek

DeepSeek具备强大的文本生成功能，能够根据用户输入生成高质量、连贯且符合语境的文本。其界面如图9-6所示。

图9-6　DeepSeek界面

第三节　绘图工具

在当前的 AIGC 浪潮中，文字生成图像技术无疑是一项最先出现且成熟的创新技术。通过将文字描述转化为图像呈现，AIGC工具不仅可以为我们提供视觉上的沟通手段，还能为设计师、营销人员、内容创作者等从事创意工作的人们带来巨大的便利，下面我们重点介绍两款绘图工具，分别是DALL-E 3和Midjourney，这两款工具是人工智能绘图的先驱，也是最容易入门的工具。

一、DALL-E 3

1. DALL-E 3的简介

DALL-E 3是OpenAI于2023年9月发布的文本生成图像模型。它在10月初正式集成至ChatGPT Plus和ChatGPT Enterprise版本，用户可以在GPT-4和微软搜索上使用。DALL-E 3的特色在于集成至ChatGPT中，使其能够自动将中文提示词改写为适合绘图的英文提示词，从而使生成的图像更加贴近用户的预期描述。

2. DALL-E 3的基本功能

新版的GPT-4与GPT-4o已经融合了DALL-E 3的功能，用户可以在ChatGPT对话框直接输入想要绘制的图像要求。

DALL-E 3可以生成以下几种比例和规格的图像。

（1）正方形（1∶1比例）：1024×1024像素。

（2）宽屏（16∶9比例）：1792×1024像素。

（3）高屏（9∶16比例）：1024×1792像素。

每次最多可以生成四张图像。

3. DALL-E 3的特殊功能

（1）在图像中加入文字进行组合设计。

DALL-E 3有一个目前很多AIGC绘图工具还无法实现的功能，就是可以在图片上加入一些简单的英文文字。

（2）用自然语言描述需求，让其自主发挥绘图设计。

在DALL-E 3中，用户无须像使用Midjourney那样写出公式化的指令，它会自动为用户改写绘图所需的指令。因此，很多情况下，用户只需用描述成果需求的方式，简单地告诉DALL-E 3用户的需求，它就会帮用户生成适合的指令，并绘制出所需的图像。实际上，有时越简单的描述，效果反而越好，因为这能够让DALL-E 3充分发挥它的创造力。

例如：

输入指令为"绘制四张图，分别代表企业管理员工的四个方向，先分析理念，再开始画。理念表述为在企业管理中，管理员工的四个关键方向通常包括沟通、激励、培训、绩效评估。有效的沟通是管理员工的基础。它包括上下级之间的交流、团队协作、意见反馈等，确保信息传达清晰、准确；激励是提升员工工作效率和满意度的重要手段。通过认可、奖励、目标设定等方式，激发员工的积极性和创造力；持续的培训有助于提升员工技能、知识和工作效率，确保团队始终保持竞争力；定期的绩效评估可以帮助企业了解员工的工作表现，发现问题并及时纠正，同时也是员工职业发展的参考依据。"

DALL-E 3绘制的企业管理员工的四个方向如图9-7所示。

图9-7　DALL-E 3绘制的企业管理员工的四个方向

（3）设计文字本身图像。

DALL-E 3可以在图片上加入文字，那可不可以设计文字本身呢？例如把某些特定的英文单词设计成标语、标志图像。当然可以，而且只要像下面这样简单询问即可，剩下的交给DALL-E 3去发挥。

输入指令为"我想绘制一张带有"CAT"文字的标志图像，可以当作标题字体，只要有CAT三个字母，背景白色。"其绘制的标志图像如图9-8所示。

图9-8　DALL-E 3绘制的标志图像

（4）生成四张相关的连续图像。

在DALL-E 3中，每次最多可以生成四张图像。如果仔细观察，会发现DALL-E 3实际上为每张图像都编写了不同的指令，从而生成了用户所需的四张图像。那么，是否可以让其自主设计四种指令，来展示一系列有变化但相关联的图像呢？例如，当用户需要展示四季变化的风景图时，可以这样描述需求："依序绘制四张风景图片，呈现福建四个季节的风景特色，请特别设计风景是同一个地方，但因为季节改变而有不同的风貌。"扫描二维码查看其绘制的福建同一个地方的四季风景。

扫描二维码
查看图像

用户甚至可以设计一系列展示年龄变化的照片，输入指令为"依次生成中国男性的四个不同年龄阶段（小孩、青年、中年、老年）的单人照片。相同的姿势、相同的造型、相同的外观，只是年龄不同。照片中只有一个人。"其生成的同一中国男性四个不同年龄阶段的单人照片如图9-9所示。

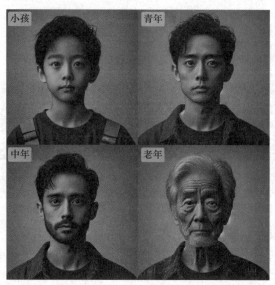

图9-9　DALL-E 3生成的同一中国男性四个不同年龄阶段的单人照片

那我们可以利用这个特殊功能，让DALL-E 3来创作一个漫画故事。

输入指令为"依次生成四张图像，讲述一个连续的漫画故事，主角是一只可爱的小火龙，他在便利店打工。四张图是同一只小火龙的连续故事，包括小火龙站在便利店中；小火龙站在便利店内的收银台前；小火龙与他人交谈；小火龙晚上要下班了。"其生成的漫画故事如图9-10所示。我们可以看到，这四张连续图像的风格是相似的，但由于每张图都是重新绘制的，因此小火龙的形象可能会有些许不同，但整体保持相近。

图9-10　DALL-E 3生成的漫画故事

（5）融合图像进行创意设计。

既然DALL-E 3可以一次生成四张不同的图像，那么是否可以让它根据其中的两张或三张，进行"融合"等特殊的绘图设计呢？答案是可以的。

输入指令为"依次生成四种图像，分别为晴天下的中国台北101大楼、忙碌的上班族、时间概念的几何图形、优雅的植物线条装饰。"其根据要求生成的四张图像如图9-11所示。

图9-11 DALL-E 3根据要求生成的四张图像

接着，把指定的两张图像进行融合，这时候，只需用简单的句子下指令就好，如"融合上面的第一张与第四张图像"。其根据要求生成的融合图像如图9-12所示。

图9-12 DALL-E 3根据要求生成的融合图像

（6）平面设计的草图参考。

之前主编曾尝试用 Midjourney 设计一些平面参考草图，例如笔记模板页面、海报宣传页面等，但效果往往不尽如人意。不过在DALL-E 3中，用户不需要费心思考如何编写指令，只需直觉式地给出指令就可以。例如，输入指令："设计空白笔记本页面，背景为白色。"其生成的空白笔记本页面如图9-13所示。

图9-13　DALL-E 3生成的空白笔记本页面

再如，可以用这种方式，设计一些能够直接使用的图像元素。输入指令为"设计四张带有对话框的可爱猫咪图像，每张都是同一只猫咪，对话框尽量大且中间留白。"其生成的四张带有对话框的可爱猫咪图像如图9-14所示。从图中可以看到，DALL-E 3努力使猫咪形象保持一致，并且按需求生成了需要的对话框。

图9-14　DALL-E 3生成的四张带有对话框的可爱猫咪图像

（7）图片局部修改。

在DALL-E 3生成图片后，用户单击图片，可以看到一个"局部修改"的圈选按钮。单击后，圈选用户想要修改的部分，在对话框输入希望进行修改的指令即可。

二、Midjourney

1. Midjourney的简介

Midjourney是非常流行的人工智能绘图工具，是由位于美国加利福尼亚州旧金山的同名研究实验室开发，专注于通过人工智能将文字转换为图像。

用户只需输入文本提示或指令，Midjourney 就能快速理解并生成相应的图像。它在建筑物、场景等图像生成方面表现尤为出色。同时也能创作出多样性的图像，涵盖各种风格和主题，如艺术插画、写实照片、人物画等。

Midjourney主要在Discord平台上运行，相比其他人工智能绘图工具，Midjourney使用起来更加便捷，能够大幅降低图像设计的时间和成本。

2. 使用方法

Midjourney是直接连接Discord平台使用的，因此需要先注册一个Discord账户。Discord注册完全免费，支持在电脑或手机上使用，十分方便。Midjourney主界面如图9-15所示。

用户完成Discord注册账户后，打开Midjourney，完成认证程序后便可选择界面左边的新手频道房间。这里生成的图像是公开的，所有用户都可以看到。用户可以在这里查看全球用户生成的图像效果，并参考他们的指令。若不想让自己绘制的图像被别人看到，用户可开启隐身模式。

Midjourney Bot是搭载在Discord平台上的一个服务机器人，用户可通过与其聊天实现绘画功能，如图9-16所示。

图9-15　Midjourney主界面

图9-16　Midjourney服务机器人

虽然现时Midjourney并没有中文接口，但其操作流程十分容易，即使用户英语水平有限，也能轻易使用。

3. Midjourney 绘图流程

（1）以文生图。

使用指令"/imagine"再加上图片生成提示词，即可开始利用Midjourney生成图像。案例如下。

"/imagine craft an artwork using simple geometric shapes for a harmonious and balanced composition, realistic photography, 4k --ar 16:9"

该指令是让Midjourney使用简单的几何形状制作艺术品，同时实现和谐、平衡、逼真的构图，比例参数为16∶9。其按指令生成的图像如图9-17所示。

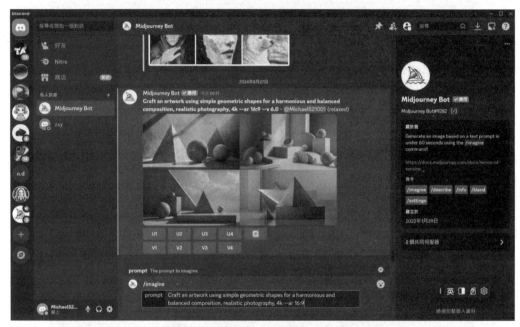

图9-17　Midjourney按指令生成的图像

用户可根据喜好将相应的图像放大，以便下载使用。图中部分按钮说明如下。

U1即选择左上角图片；

U2即选择右上角图片；

U3即选择左下角图片；

U4即选择右下角图片。

（2）以图生图。

输入指令"/describe"后，需先上传图像，如图9-18所示。

图9-18　上传图像

Midjourney 会根据图像生成四个描述指令，如图9-19所示，单击对应的指令，用户不用自行输入指令也可生成图像。根据上传图像生成的新图像如图9-20所示。

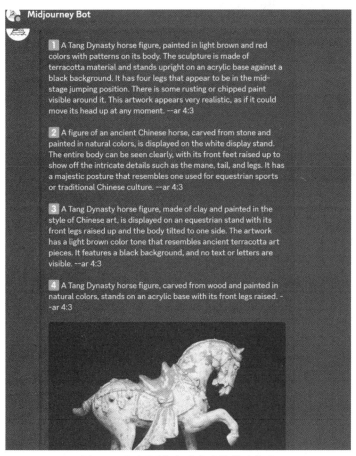

图9-19　根据图像自动生成的描述指令

图9-20　根据上传图像生成的新图像

4. Midjourney 常用指令。

/imagine：生成图像。

/info：查看账号信息。

/subscribe：查看的账号订阅状态。

/show：使用任务 ID 查找之前生成过的图像。

/describe：识别上传图像的描述关键词。

/blend：混合两张图像。

/stealth：切换到隐身模式，图像输出仅自己可见。

/public：切换到公开模式（默认），任何人都可以在官网查看生成的图片。

/settings：调整设置。

/help：显示有关 Midjourney 机器人的使用指令。

/prefer option：更改自定义选项。

/prefer suffix：指定固定的指令后缀。

/relax：切换到 Relax 模式，不消耗快速绘图时间。

/remix：切换到Remix模式。在生成图像后单击V按钮，用户可以重新调整指令，而不是重新生成图像。

Midjourney目前已经取消免费计划，用户必须付款才能使用，有关收费详情，可以查询Midjourney官网的收费表格。

使用 Midjourney 生成的图像可以用于商业用途。如果生成的图片涉及版权敏感内容，Midjourney 会自动进行过滤，无法通过指令直接生成这类图像。使用 Midjourney

制作商用图像的性价比非常高。以最便宜的基础计划为例，每月费用为 10 美元，能够生成约上百张图像。对于规模较小的企业来说，可以大大节省图像生成的成本。

5. Midjourney使用限制

（1）不擅长生成文字。

Midjourney 并不擅长生成文字，因此在生成某些图像（例如包含鼓励语句的图像）时会有难度，建议不要在图像中加入生成文字的指令。

如果需要在图像中添加文字，建议先使用 Midjourney 生成主要设计图，再利用其他设计平台在图像中添加文字。此外，Midjourney 不支持中文输入，因此指令必须以英文输入。

（2）生成统一设计需要一定技巧。

使用 Midjourney 生成图像非常容易，但要生成同系列且风格统一的图像则需要一些特定技巧（例如设置seed 参数）。有时还需要配合不同的修图工具才能生成符合商用要求的图片。

6. Midjourney使用案例

（1）案例1：生成商标。

使用Midjourney生成商标，不但速度快、成本低，同时可以一键生成风格不同的商标，对创业者十分有用。

输入指令的格式可以包括设计风格、主要图像、图像格式这三方面。指令案例如下。

① Lettermark of letter M,logo, minimalist design.

字母 M 的字母标记、标志、简约设计。

② A mascot logo of a cute cat, simple, vector, high quality, super detail.

一只可爱猫咪的吉祥物标志，简单、矢量、高品质、超级细节。

③ An emblem for a travel agency, vector, simple,4c.

旅行社的徽章，矢量，简单。

根据指令案例生成的商标图像如图9-21所示。

图9-21　根据指令案例生成的商标图像

（2）案例2：生成模特。

使用Midjourney生成模特，可用于广告内容、产品展示等场景。

指令案例如下。

① A handsome Chinese man is posing on the street wearing a white T-shirt, with the street scene behind him blurry.

一名帅气的中国男子穿着白色T恤在街上摆姿势，身后的街景模糊。

② An Asian beauty wearing a gray T-shirt and black coat in a cafe with a blurred background.

背景模糊的咖啡馆中，一位身穿灰色T恤和黑色外套的亚洲美女。

③ A handsome Asian man wearing a white shirt, black suit and tie is posing with his hands crossed in the office, with a blurred background.

一位英俊的亚洲男子穿着白衬衫、黑色西装和领带，双手交叉在办公室里摆姿势，背景模糊。

根据指令案例生成的模特图像如图9-22所示。

图9-22　根据指令案例生成的模特图像

（3）案例3：生成图像素材。

Midjourney可生成图像素材以及不同场景的库存图像帮助用户节省购买图像的成本。

用户可于库存图像网址选择案例图片，上传至Midjourney后即可产生新的图像素材。

（4）实例4：生成设计素材。

用户可使用Midjourney生成设计素材，如设计中常用的背景图。除了不同的设计风格外，还可改变图像的视角、比例等。

指令案例如下。

① Space background picture.

太空背景图片。

② Sci-fi circuit background picture.

科幻电路背景图片。

③ Background picture of fresh flowers.

鲜花背景图像。

（5）实例5：生成贴纸设计。

Midjourney可以生成贴纸设计，用来打印实体产品。

指令案例如下。

① Make a cute kitten sticker.

制作1张可爱的小猫贴纸

② Make 9 cute kitten stickers.

制作9张可爱的小猫贴纸，如图9-23所示。

图9-23 9张可爱的小猫贴纸

（6）实例6：升级功能。

Midjourney 5.2版本及后续版本新增了缩小视角，用户可以在其生成四宫格图像后，选择其中一张喜欢的图像进行升级。下方会出现可调节的参数选项，包含在原图的基础上按比例提升细节等，另外还有自定义扩展比例，其数值范围为1.0—2.0，支持小数点。此外，用户还可将非正方形的图像扩展绘制成正方形。

7. 其他常用参数

在 MidJourney 中，用户可以调整下列常用参数来优化图像的生成结果。

--q：图片质量，数字越大，图片质量越高，最大值为1。

--v：使用的版本。

--ar：调整图片比例，默认是 1：1。

--iw：控制生成的图像与输入图像的相似程度（默认值为0.25，最小值为0，最大值为2）。

--no：指定图像中用户不需要的元素。

--seed：随机种子，输入相同种子可以确保每次生成的图片一致。

第四节　视频生成工具

　　视频生成工具是一种基于人工智能技术能够自动生成视频的智能工具。它可以根据用户提供的文本提示、图像、视频等资源，通过深度学习和视觉算法技术，自动分析、提取并编辑信息，一键生成专业且高质量的视频作品。

　　视频生成工具的出现为影视、营销行业带来了革命性的改变，使得视频创作变得更加普及、便捷。其特点有以下几方面。

　　（1）高效益。视频生成工具可以快速处理大量的视频素材，仅需简单的文字提示或图片，即可自动生成并剪辑视频，大幅节省了手动操作的时间成本与人工成本。

　　（2）易用性。视频生成工具的智能化功能降低了专业能力的要求，让新手也能简单创作出专业的视频作品。

　　（3）创意性。视频生成工具可以在短时间内生成多种风格的短片，为视频创作提供极丰富的灵感与新思路。

　　（4）个性化。视频生成工具可以根据用户的需求，定制独特且个性化的视频。

　　以下介绍几款国内外常见的视频生成工具。

一、PixVerse

　　PixVerse 是一个人工智能视频生成器，它可以根据用户输入的文字或图片，生成各种风格和主题的高质量视频。它有网页版和 Discord 版，以下介绍的是网页版 。其界面简单易操作，如图9-24所示，用户只需要在输入框输入指令，选择相关设定，即可生成相应的视频。

　　PixVerse提供多种风格的视频，如写实、动漫和 3D 卡通风格。用户可以选择不同的视频尺寸，生成4秒的高清视频。此外，生成的视频可用于商业用途，用户可以自由创作各类型的视频。

　　PixVerse 有以下三种基本功能。

　　（1）根据文字描述生成视频。

　　常用的参数如下。

　　① Prompt（提示词）：输入生成视频的提示词。

　　② Negative prompt（反向提示词）：不希望出现在视频中的内容。

　　③ Inspiring prompt to dual clips（启发性的片段提示词）：系统会根据用户指定的提示词进行分析，生成两个不同场景的视频。

　　④ Style（风格）：选择视频生成风格。

⑤ Aspect ratio（宽高比）：视频生成比例，有16：9、9：16、1：1、4：3、3：4等比例。

⑥ Seed（种子编号）：用于确保生成的视频风格一致，可以通过拖拽滑杆或输入种子编号来设置。

⑦ Create（生成）：单击生成视频。

生成结果最多显示四个视频（支持中英文）。

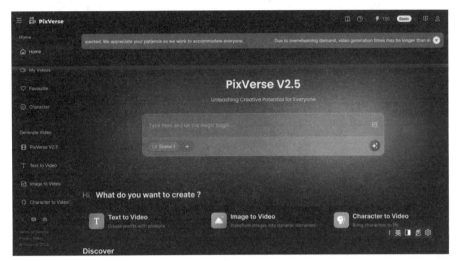

图9-24　Pixverse网页版界面

（2）根据图片生成视频。

常用参数如下。

① Image（图片）：上传要生成视频的图片，鼠标悬停在Add Image（图片添加）上会提示Upload File（上传图片）及Select Assets（选择素材）选项。

② Prompt：描述图片的动态效果。

③ Strength of motion（运动强度）：可通过拖拽滑杆调整。

④ Seed：用于确保生成的视频风格一致，可以通过拖拽滑杆或输入种子编号来设置。

⑤ HD Quality（高分辨率）：生成分辨率更高的视频，但生成时间会相应延长。

⑥ Create（生成）：单击生成视频。

（3）根据角色生成视频。

用户可上传一张角色照片，让PixVerse生成相应的视频。

二、Runway

Runway是一款在线人工智能视频生成工具，主要提供包括文字转换视频、文字和描述生成视频、视频转换风格、视频物体描述加工、渲染未加工视频等功能。

Runway一直在推动生成式人工智能创意的边界，以Runway Gen-3为例。这一新模型展示了一些最具电影效果、令人惊叹且逼真的视频生成能力。

Runway Gen-3的界面如图9-25所示。相较于之前的模型，最新模型有了显著的提升。其对各行业的潜在影响广泛，包括电影、广告、媒体制作，教育、游戏和虚拟现实开发等。

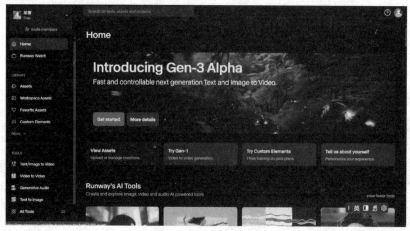

图9-25　Runway Gen-3的界面

三、Pika Labs

Pika Labs 是一个强大的人工智能视频生成平台。目前 Pika Labs 支持通过文本和图像生成视频，用户可以通过直接发送指令来进行操作。

1. 以文本生成视频

例如，输入指令"A beautiful curved coastline at sunset."Pika Labs 将自动生成夕阳下一个美丽弯曲海岸线的视频，扫描二维码查看其截图。

扫描二维码
查看截图

2. 以图像生成视频

例如，根据青蛙图像输入指令"Morning wake-up: a close-up of a frog waking up on a lily pad at dawn, stretching its legs, and croaking softly as the sun rises in the background, with soft morning light reflecting off the water."

扫描二维码
查看截图

Pika Labs将自动生成相应的视频。其内容为黎明时分，一只青蛙在睡莲叶上醒来，舒展双腿，随着太阳在背景中升起，柔和的晨光反射在水面上，青蛙发出轻轻的呱呱叫声。扫描二维码查看其截图，注意看截图中青蛙眼睛的变化。

四、Stable Video Diffusion

Stable Video Diffusion由Stability AI开发，是一种尖端的生成式人工智能视频模型，旨在彻底改变各个行业的内容创作。它利用扩散模型，这是一种开源人工智能技术，可以将图像和文本提示转换为短视频片段。这一创新工具旨在通过生动的电影式视频体验，赋予用户将其创意概念变为现实的能力，广泛服务于媒体、娱乐、教育和营销等领域。

1. Stable Video Diffusion（SVD）模型

Stable Video Diffusion模型中有两种视频生成模型，分别是SVD和SVD-XT，

（1）SVD 模型。

SVD 模型可以将静态图像转换为视频。它使用U-Net 的深度学习模型来生成视频，能够从输入图像中学习并生成新的图像。SVD 模型的生成速度较快，但它生成的视频帧数较少，且视频分辨率较低。

（2）SVD-XT 模型。

SVD-XT采用相同的架构。虽然速度较慢，但视频分辨率更高。

2. Stable Video Diffusion工作原理

Stable Video Diffusion的模型是一种基于扩散模型的视频生成模型，会以逐渐加入噪声的方式从简单表示中生成复杂的数据。它可以将静态图像或文字描述转换为一个潜在向量。使用扩散模型从噪声中逐渐添加细节，生成一系列具有不同视觉效果的图像。经过去噪和后处理，将这些图像组合成一个视频。

3. Stable Diffusion Video教学

Stable Diffusion Video使用非常简单，任何人都可以快速掌握。其界面如图9-26所示。

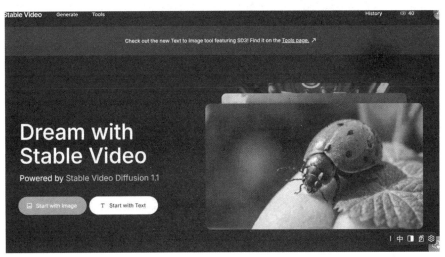

图9-26　Stable Video Diffusion界面

以文字描述转换视频为例，Stable Video Diffusion允许用户输入其想要生成视频的文字描述，并可以选择视频大小。目前支持3种尺寸比例，分别为16∶9、9∶16、1∶1，同时有多种风格可供选择，如动画、艺术等。完成上述步骤后，用户可以单击"生成"按钮，它就会先生成4张图像。接着用户可以根据生成的4张图像，选择一张喜欢的图像，再选择视频镜头的运动形式，如锁定、摇移、向下、环绕等。需要注意的是部分镜头场景仍在测试中，目前尚未开放使用。操作完成后，用户只要等待视频生成即可。生成视频的时间会根据视频的长度和复杂度而有所不同。

视频镜头的运动形式主要包括以下几种。

（1）锁定：镜头固定在一个位置上，不会移动。

（2）摇移：镜头左右或上下移动。

（3）向下：镜头从上往下移动。

（4）环绕：镜头围绕着某个物体或人物旋转。

输入指令"Create a stunning landscape scene that captures the beauty of nature. The image should feature a serene mountain range with snow-capped peaks in the background, a crystal-clear lake reflecting the mountains, and a lush green forest surrounding the water. The sky is partly cloudy with the sun shining through, casting a warm golden light over the entire scene. Include a winding trail leading from the forest to the lake, inviting the viewer to explore the peaceful environment."

Stable Video Diffusion将自动生成相应的图像。图像内容包括以白雪皑皑的山峰为背景的宁静山脉、倒映着群山的清澈湖泊以及环绕湖泊的茂密绿色森林。天空多云，阳光透过，为整个场景镀上一层金色光芒。此外，还有一条从森林通往湖泊的蜿蜒小径。扫描二维码查看其按指令生成的图像。扫描二维码查看其生成的视频截图。

Stable Video Diffusion生成的图像及视频记录用户皆可查询，如图9-27所示。

扫描二维码
查看图像

扫描二维码
查看截图

图9-27　图像及视频记录

五、Haiper

Haiper是一款免费的人工智能视频生成工具。用户只需要输入文字指令，即可生成各种场景的高质量视频。

用户登录后，在界面上可以看到3个选项，Text to Video（文字转视频）、Image to Video（图片转视频）、Video to Video（视频转视频）。用户可以通过这些选项生成视频，其界面如图9-28所示。

为了得到更好的视频效果，指令应清晰、具体且简洁，以帮助模型准确生成视频。此外，可以加入与摄影滤镜、相机移动或提高视频质量相关的关键词，来丰富视频内容。

图9-28　Haiper界面

文字转视频示例如下。

（1）输入指令"Tabby cat running towards camera, super detailed, natural lighting, 8k, zoom in."扫描二维码查看其根据指令生成的虎斑猫视频截图，内容为一只虎斑猫在自然光下朝着镜头跑来，细节超清晰。

（2）输入指令"The apple is thrown into the water and splashes,8k."扫描二维码查看其根据指令生成的苹果视频截图，内容为一个苹果被扔进水中并溅起水花。

扫描二维码
查看截图

生成视频后，用户可以针对视频进行收藏、下载、分享或修改指令重新生成视频。

图片转视频示例如下。

用户上传一张狗的图像，输入指令"Dog running on the beach by the sea"，扫描二维码查看其根据指令生成的视频截图，内容为狗在海边的沙滩上奔跑。

扫描二维码
查看截图

六、Sora

Sora是OpenAI开发的视频生成工具，能够根据用户输入的文字描述生成逼真、流畅的视频，Sora基于Transformer模型和扩散模型等，并使用了大量的视频数据进行训练，目前它还没有开放给普通用户使用。

扫描二维码
查看截图

1. Sora的运行步骤

Sora运行可以分为以下几个步骤。

（1）用户输入文字描述。

（2）使用 GPT 模型将文字描述转换为一系列图像。

（3）将图像转换为视频。

Sora的原理是基于扩散模型和Transformer模型。它运用扩散模型直接生成视频帧，将文字转换成低维度表示，而生成具有连贯性的视频则依赖于Transformer模型。该模型能够学习文字之间的关系，从而制作出流畅的视频。

2. Sora的成品格式和分辨率

Sora可以生成最高分辨率为1920×1080的视频，通常格式为MP4。用户可以从官网查看其提供的视频示例，这些视频十分流畅且具有高分辨率的特点。

3. Sora的优势

（1）生成逼真的视频：Sora具有令人惊叹的生成能力，可以生成高度细节的场景、复杂的相机运动以及具有丰富情感的多个角色。

（2）扩展视频能力：Sora可以扩展现有的视频或填补丢失的帧数。

（3）技术优势：Sora采用了多模态融合、对抗训练和注意力机制等技术来提高视频质量。

七、可灵AI

可灵AI是由快手大模型团队自主研发的视频生成大模型，具备强大的视频生成能力，让用户可以轻松高效地完成艺术视频创作。其界面如图9-29所示。

图9-29　可灵AI界面

可灵AI不同于一般只能生成静态图像的工具。其核心技术为扩散模型架构，能同时处理视频中的画面（空间信息）及动态（时间信息）。得益于此，可灵AI能生成比传统方法更长的视频（最长可达上百秒）以及更流畅的动作，例如奔跑的角色、飘逸的发丝等都能够栩栩如生地呈现。可灵AI有三种基本功能，包括由文字生成视频，由图像生成视频，视频续写。

以文字生成视频功能为例，其具有以下优势。

（1）大幅度的合理运动：可灵AI采用3D时空联合注意力机制，能够更好地建模复杂时空运动，生成具有大幅度运动的视频内容。

（2）长达2分钟的视频生成：得益于高效的训练基础设施、极致的推理优化和可扩展的基础架构，可灵AI能够生成长达2分钟的视频，且每秒30帧。

（3）模拟物理世界特性：基于自研模型架构及规则化法则激发出的强大建模能力，可灵AI能够模拟真实世界的物理特性，生成符合物理规律的视频。

（4）强大的概念组合能力：基于对文本、视频语义的深刻理解和扩散模型架构的强大能力，可灵AI能够将用户丰富的想象力转化为具体的画面，虚构真实世界中不会出现的场景。

（5）电影级的画面生成：基于自研3D变分自编码器，可灵AI能够生成高分辨率的电影级视频，无论是浩瀚壮阔的宏大场景，还是细腻入微的特写镜头，都能够生动呈现。

（6）支持自由的输出视频宽高比：可灵AI采用了可变分辨率的训练策略，在推理过程中可以输出多种宽高比的视频，满足用户更丰富场景中的视频素材使用需求。

可灵AI由图像生成视频的模型以卓越的图像理解能力为基础，能够将静态图片转化为生动的精彩视频。结合创作者不同的文字输入，可生成多种多样的运动效果，让用户的视觉创意无限延展。

例如，输入指令"清凉夏季中国美少女，微卷短发，运动服，林间石板路，斑驳光影，超级真实，16K。"可灵AI按指令生成的图像如图9-30所示。

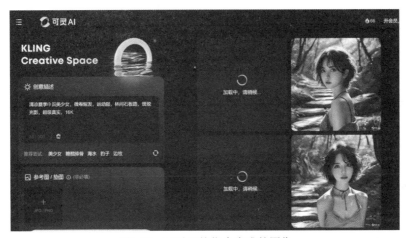

图9-30　可灵AI按指令生成的图像

使用该图像生成5秒或10秒的视频，其截图如图9-31所示。

图9-31　可灵AI按指令生成的视频截图

八、即梦AI

即梦AI是一款革命性的在线创作平台，它将人工智能技术与创意设计无缝结合，为用户提供了一个全新的视觉作品创作空间。通过即梦AI，用户可以轻松地将创意转化为引人入胜的图像、视频和故事内容。这款产品由深圳市脸萌科技有限公司精心打造，旨在为设计师、营销人员、内容创作者、教育工作者以及业余爱好者提供一个高效、便捷的设计工具。其界面如图9-32所示。

图9-32　即梦AI界面

1. 即梦AI的功能

（1）图像生成：利用人工智能技术快速生成创意图片。

（2）智能画布：提供交互式画布，支持自由创作和编辑设计。

（3）视频生成：将静态图像转换为动态视频，增强表现力。

（4）故事创作：结合图像和文字，创作引人入胜的故事内容。

（5）多种风格模板：提供多样设计模板，满足不同用户需求。

2. 图像生成案例

输入指令"丁达尔效应，梦幻感，逆光，完美光影，鲜花，粉色玫瑰花，簇花少女，特写，渐变磨砂质感，双重曝光，胶片，弥散光学，优雅动态角度，高级感，淡雅简约，故事感。"其按指令生成的图像如图9-33所示。

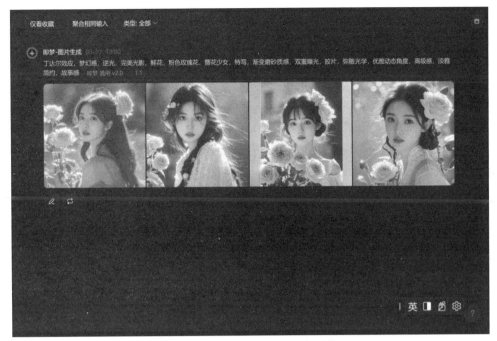

图9-33 即梦AI按指令生成的图像

3. 智能画布案例

输入指令"将吉祥物进行全新面貌设计。"其结果如图9-34所示。

图9-34 即梦AI根据指令进行全新面貌设计

4. 视频生成案例

输入指令"一只虎斑猫奔跑在草地上。"其根据指令生成的视频截图如图9-35所示。

图9-35　即梦AI根据指令生成的视频截图

第五节　视频剪辑工具

人工智能视频剪辑可以让视频制作变得更有效率。目前，有许多视频剪辑工具可以自动添加字幕、调整色彩，甚至实现换脸等功能。这些工具可以节省剪辑、编辑的时间，降低制作成本，使更多的内容创作者能以较低的成本获得专业级视频剪辑的效果。随着算法的不断改进，未来的视频剪辑功能可能包括对象无缝移除甚至使用语音指令剪辑等。以下将介绍视频剪辑工具的优势、选择适合视频剪辑工具的方法，并简要介绍两款常用的视频剪辑工具。

一、视频剪辑工具的优势

1. 缩短制作时间

视频剪辑工具擅长将重复性的任务自动化，例如剪辑和裁剪镜头，运用滤镜和添加字幕等。将这些重复性任务交给它执行后，可以大大减少剪辑所需的时间，使内容创作者能够更高效率地制作视频。

2. 减少人力成本

传统剪辑需要聘请专业剪辑师进行人工视频剪辑。视频剪辑工具为预算有限的个人内容创作者和小型企业提供了低成本的剪辑方法，用户无须聘请专业人员即可获得理想的剪辑效果。

3. 制定最佳内容策略

除了节省人力成本外，视频剪辑工具甚至可以分析视频内容，理解视频的关键元素并提出剪辑建议。例如它可以识别视频中比较重要的时刻，为其增加剪辑效果并提高整体视频质量。它甚至可以自动删除不需要或较冗长的段落，如背景噪声或晃动画面等。

4. 界面简易

视频剪辑工具为用户提供简易的界面，简化整个剪辑流程，即使剪辑技术有限的用户也能够在无须大量培训或经验的情况下进行视频剪辑，取得专业的效果。

5. 用途广泛

视频剪辑工具具有以下几大用途。

（1）拼接不同视频。

为用户拼接不同视频片段，减少原本需要的手动操作。内容创作者因此可以快速将多段短片合并成一个流畅的视频，节省大量制作时间。

（2）调整影像清晰度。

能够自动增强视频的清晰度，以提高画面质量。这对于改进原本比较模糊或质量较低的视频的影像效果非常有帮助。

（3）去除背景噪声。

可以找出并消除视频中的背景噪声，使观众可以更专注于语音和重要声效，从而提高观赏体验。

（4）增添转场特效。

能够自动添加多种转场特效，例如淡入淡出、切换和旋转等，从而使视频过渡更加顺畅。

（5）进行视频调色。

用户能够借助视频剪辑工具轻松进行调色，调整色调、对比度和亮度等，从而实现剪辑过程中所需的视觉效果。

（6）调整视频比例。

能够调整视频的长宽比例，以符合不同平台设备或艺术要求，确保视频在各种屏幕上都能展现合适的比例。

（7）制作滤镜效果。

提供多种滤镜和效果，能够改善视频的视觉效果，以满足视频的艺术要求。

（8）自动添加字幕。

能够自动识别语音，并将检测到的文字添加到视频字幕中，用户无须再手动输入和配对字幕。

（9）人像检测及换脸。

可以通过人像检测来追踪视频中的角色及人物，用户可以轻松地实现视频中的人像换脸效果。

（10）视频内容分析。

能够分析视频内容，识别视频中的关键情节，为用户提供剪辑建议，帮助创作者透过剪辑提升视频的观赏性。

二、选择适合视频剪辑工具的方法

即使视频剪辑工具可以在一定程度上取代专业剪辑师，但用户仍需选择一个合适自己的视频剪辑工具来协助生成视频。以下是一些可以参考的因素。

（1）兼容性。确保用户选择的视频剪辑工具可以支持其相机输出的视频格式及用户的操作系统。此外，检查它是否与用户自身的其他设备兼容。

（2）易用性。选择与用户的剪辑技巧相配的视频剪辑工具。不同的视频剪辑工具有各自的特长及使用难度，用户需要注意工具是否适合自己的剪辑水平，界面是否简单易用以及是否提供分割屏幕和画中画等功能。

（3）成本。用户可以从免费或提供试用期的视频剪辑工具开始，充分利用它们来测试不同的工具是否符合自己的要求。

（4）灵活的功能。注意视频剪辑工具是否有自动添加字幕、颜色调整、字体选项、人像追踪及快速上传等功能，以满足用户的制作要求。

（5）教程和学习资源。如果用户对视频剪辑的操作方法不太熟悉，可以选择一些为初学者提供教学或客户服务的工具。

（6）视频输出质量。确保用户选择的视频剪辑工具可以输出多种分辨率的视频并支持不同的比例。注意所选择的免费或付费计划是否支持用户希望输出的视频分辨率。

三、常用视频剪辑工具推荐

以下推荐两个常用视频剪辑工具，读者可以参考选择因素并在它们中选择适合自己的剪辑工具。

1. Adobe Premiere Pro

Adobe Premiere Pro在原有的剪辑工具基础上加入了人工智能强化功能。其主要功能是剪辑及视频后期制作。优点是具有丰富的特效和专业编辑工具，适合专业剪辑师使用。缺点是人工智能功能主要为辅助已在使用 Adobe Premiere Pro 的用户，因此初学者上手需要一定的学习成本。

2. 剪映

剪映是字节跳动推出的视频剪辑工具。其主要功能为支持手机剪辑，适合抖音短视频剪辑。优点是简单易用，内置各种抖音相关功能。缺点是视频时长上限较短，每段视频仅支持一个背景音乐。

第六节　音频工具

人工智能音频工具简化了歌曲创作流程，即使是不懂乐理的普通人，也能透过音频工具制作出属于自己的音乐作品。它让用户只需有一个创作音乐的想法，就能透过文字描述或单击鼠标进行音乐制作。它虽然无法让每个人都成为音乐家，但一定可以帮助用户创作出喜欢的音乐。

一、Udio

Udio是一款人工智能音频工具，具有简单而直观的界面设计。许多用户都对Udio的客户服务印象深刻，并对其使用体验表示满意。它使用起来非常方便，用户只需访问其官网，输入想要的音乐主题或歌词，选择喜爱的音乐类型，它就能生成一首歌曲。Udio不仅提供包括电子舞曲、流行乐和摇滚乐在内的多种音乐类型，还能生成高质量的音乐，适用于各种应用场景。其优点包括优质的客服、高质量音乐、功能不断更新等。缺点为免费版功能有限。

例如，输入指令"A Chinese love song about lovelorn love."Udio将生成一首中文的失恋情歌。其界面如图9-36所示。

结果一次生成两首歌曲，但均为英文，而非中文。

在其下载页面Udio会生成一个视频搭配音乐，但目前技术效果一般。其下载界面如图9-37所示。

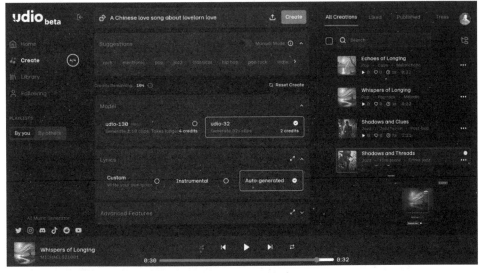

图9-36　Udio界面

图9-37　Udio下载界面

二、Suno

Suno AI推出的最新版本，除了提升音质外，还开始支持更多的音乐风格和类型，因此广受好评。深色背景减少了用户的视觉疲劳，而界面的响应速度与现代化设计也让人眼前一亮。用户还可以通过界面中的热门新歌清单获取灵感，创作自己的音乐。

Suno的使用非常简单，用户只需在官网注册成为会员后，尽可能详细地描述想要创作的歌曲类型即可开始创作。在最新版本中，用户可以选择想要的音乐风格和类型。完成这个简单的过程后，用户就能创作出一首两分钟的歌曲。Suno支持中英文。其界面如图9-38所示。

图9-38　Suno 界面

第七节 数字人生成工具

一、HeyGen

HeyGen是一项结合先进计算机视觉和人工智能，如机器学习和深度学习，以复制个人的外观、声音甚至行为的数字人生成工具。其核心在于收集和分析大量个人数据，如面部表情、语言和动作，进而训练算法以模仿这些特性。其界面如图9-39所示。

图9-39 HeyGen 界面

该工具在多个领域中具有广泛应用，例如，在娱乐业中创造虚拟演员或数字复制人，在客户服务中引入虚拟助理，在教育领域中提供定制化的虚拟教师以增强学习体验。在电影制作中，它甚至能让已故演员在新作品中以虚拟形象出现。

使用该工具打造数字人方法简单，首先用户需注册账号，其次录制一段2—5分钟的讲话视频即可，建议定点坐姿，手势不宜过大，内容不限。除了上述功能以外，它还可以直接用用户自己的声调制作多种语言的语音，也可使用内置的 ChatGPT帮用户写文案。

二、D-ID

D-ID是一个专注于生成高质量数字人和动画视频的平台。该平台利用先进的面部生成技术，使用户能够创建逼真的虚拟代言人和互动视频内容。D-ID 的技术可以将静态图片转换为生动的动画，赋予图片"生命"，并支持多种语言和语音选择，适合各种业务需求和创意应用。该平台不仅适用于营销广告，也可以创新性地应用于生日祝福、活动邀请和客户沟通等，还可以用来宣传历史文化等。其操作简便，用户只需上传照片并输入文本，即可快速生成动画视频或生成数字人，适合所有技术水平的用户。它提供免费试用和多种付费订阅选项，包括个人和企业计划，具体费用和功能详情需在D-ID官网查询。

D-ID具有以下几种功能。

（1）创建一个视频（包含角色和声音）。

D-ID有两种方式选择视频角色。第一种是提供图片人物或上传人物图片，可以是真人图片，如图9-40所示，也可以是人工智能绘画人物。

图9-40　D-ID上传真人图片

第二种是通过文字描述生成人物，当然也可以选择平台提供的人物头像。D-ID提供文本和语音两种方式来驱动人物的表情。具体操作如下。

单击"Script"按钮上传脚本，直接输入文本并选择语言及口音，选择男声或女声。

单击"Audio"按钮上传声音，可以上传计算机中的语音文件或直接录制自己的语音后上传。

单击窗口右上角的"Creative Video"按钮，即可生成视频。视频创建完成后，用户可以预览和下载视频。D-ID视频库如图9-41所示。

（2）翻译视频。

将上传的视频翻译成其他语言。

（3）生成数字人。

用户可以选择一个人物形象，或者上传自己的照片；还能上传自己的声音，或克隆自己的声音。同时，上传个人专属的个性化数据库后，只需输入指令，几分钟内，用户就能与一个仿若真人的数字人展开交谈。该数字人能够与用户互动，在不到两秒的时间内，以较高的准确率给出答案。

图9-41　D-ID视频库

D-ID的主要功能有以下几方面。

个性化定制：选择外观、声音和互动方式，甚至可以克隆用户自己的声音。

人性化交互：提供类似真人的面对面沟通体验。

快速准确回答：在两秒内以较高的准确率响应查询。

先进的可靠性：使用检索增强生成技术，提供最新信息。

多场景适用：适合客户服务、网站交互、在线教育等多种应用场景。

多语言支持：支持多种主要语言，满足不同用户需求。

声音选择多样：提供多种声音选项，包括高质量声音和多语言声音等。

易于共享：可以通过链接或嵌入网站与他人共享。

智能回复：利用自然语言处理和生成式人工智能，提供相关回应。

三、小冰数字人

小冰公司，是一家完全具有独立知识产权的中国人工智能公司，拥有覆盖自然语言处理、计算机语音、计算机视觉及生成式人工智能等完整技术框架。

小冰数字人是小冰公司基于人工智能技术推出的核心产品之一。它结合大模型技术，进行了三大升级：全新零样本技术、全新超千亿大模型基座与智能体构建框架、全新透影音画传输系统。

与其他现有技术相比，新技术依托超千亿大模型基座，以及基于大模型构建的数字人交互套件，将数字人所需的训练数据压缩至"秒级"，使定制时间达到"立等可取"，而且生成的数字人能够直接应用于实时交互，这在全球都十分领先。新技术保持了小冰数字人产品的超高清标准，高度还原了真实人类员工的容貌与声音，达到栩栩如生的效果。

随着零样本技术的全新上线，小冰数字人产品体系"高—中—低"搭配日渐完善，广泛适配企业不同发展阶段和多样化的业务场景。其界面如图9-42所示。

图9-42　小冰数字人界面

四、硅基智能 AIGC 数字人

硅基智能AIGC数字人，是硅基智能运用自主研发的人工智能语音交互技术，依托对商业化落地应用的深刻理解和创新能力，全新打造的硅基生命体。硅基智能AIGC数字人是人工智能与生产力结合的新物种，致力于知识的快速创作和传递，加速人类边界在硅基世界中的拓展。通过语音克隆、语音交互、3D建模、表情和动作驱动等先进技术，创造具有仿真人形象和声音的硅基劳动力，以丰富生动的展现形式，复刻碳基生命体，并让其在硅基世界衍生更多职能和智能，提供涵盖各行业的咨询、营销、客服、娱乐等服务，创造专业、科技感强、耳目一新的互动体验。硅基智能AIGC数字人荣登2023年《财富》中国最佳设计榜，如图9-43所示。

图9-43　硅基智能AIGC数字人荣登2023年《财富》中国最佳设计榜

硅基智能始终聚焦于商业化智能交互的应用落地，从"电话机器人"到"数字人"，硅基智能依据其在商业化智能交互领域的前沿技术，庞大的数据学习积累，以及与合作伙伴共同打磨的场景应用能力，成功在多个领域实现了多模态数字人的商业化应用落地，使智能数字客服、智能数字接待、虚拟主持人等走入企业运营和大众生活。

第八节　3D 模型生成工具

一、Tripo AI

Tripo AI 是一款在线人工智能3D模型生成工具，用户无须下载软件即可使用。

Tripo AI 界面简洁易用，用户无须任何 3D 建模经验，只需在 Tripo AI 网站输入文字描述或上传图片，即可生成 3D 模型。即使是毫无头绪的用户，Tripo AI 也提供了热门提示，帮助用户更快地构思文字描述。

Tripo AI提供免费版和付费版。免费版每月向用户提供积分，可用于转换图片。

用户进入Tripo AI网站，可用邮箱注册一个免费账号。通过输入文字描述或上传图片即可开始创建3D模型。

例如，上传一张主编之前设计的吉祥物平面图，用于生成3D模型，其模型成果如图9-44所示。用户可以导入其他建模软件修模，进行3D打印或3D雕刻。

图9-44　Tripo AI 3D模型成果

二、Meshy AI

Meshy AI是一款人工智能 3D 模型生成工具，用户可以在网页上使用，无须下载软件。

用户无须具备任何3D建模经验，只需在Meshy AI网站输入文字描述或上传图片，即可生成3D模型，大大简化了3D建模的过程，降低了3D建模的门槛。

此外，Meshy AI 还提供了纹理编辑功能，用户通过文字描述、选择风格并修改简单参数，即可轻松更改 3D 模型的材质。

Meshy AI提供免费版和付费版。免费版每月向用户提供积分，用于生成3D模型或修改模型材质，每次最多可执行一个任务。

Meshy AI 最新推出的版本，在建模的细节和品质上都有显著提升。

用户进入 Meshy AI网站，单击"免费注册"按钮，用邮箱注册即可开始使用。其界面如图9-45所示。

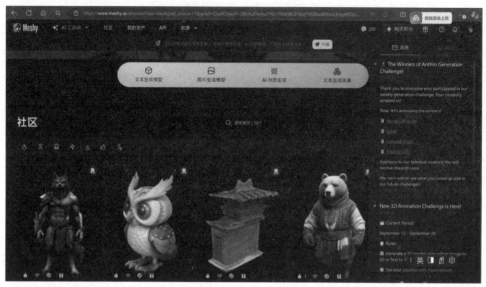

图9-45　Meshy AI界面

上传同一张由主编设计的吉祥物平面图，做成3D模型，其模型成果如图9-46所示。

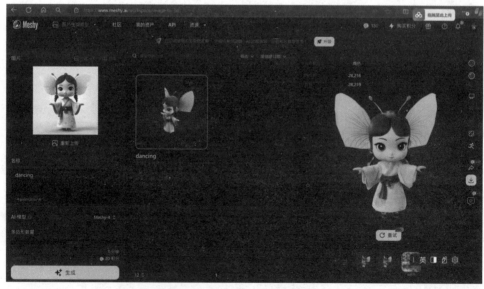

图9-46　Meshy AI 3D模型成果

本章介绍的内容只是多种AIGC工具中较早推出且广泛使用的一部分。在全球创新团队的积极投入下，更多先进的AIGC工具正在加速迭代更新中。因此，本书将在今后随时更新内容以保持实时性与可用性，也欢迎读者留言推荐。衷心建议有幸生活在人工智能时代的大家，尽早关注、适应并善加利用这些不断推陈出新的工具。唯有懂得运用它们，才不会轻易地被人工智能取代。

知识巩固

一、单选题

1. AIGC的全称是（　　）。

   A. Artificial Intelligence

   B. Artificial Intelligence Generated Content

   C. Autmated Image Generated Content

   D. Advanced Interactive Generated Content

2. AIGC 的主要目标是（　　）。

   A. 提高人类智慧　　　　　　　　B. 模仿人类创造力生成内容

   C. 管理人工智能算法　　　　　　D. 开发大型语言模型

3. 以下（　　）是 AIGC 的核心。

   A. 编程逻辑　　　　　　　　　　B. 深度学习

   C. 数据库管理　　　　　　　　　D. 图像压缩技术

4. 下列（　　）是国内的文本生成工具。

   A. Llama　　　　　　　　　　　　B. Claude

   C. 文心一言　　　　　　　　　　D. Bard

5. Midjourney 的主要功能是（　　）。

   A. 自动绘图　　　　　　　　　　B. 视频生成

   C. 文本翻译　　　　　　　　　　D. 音频编辑

6. DALL-E 3 的特殊功能不包括（　　）。

   A. 将文字转化为图片　　　　　　B. 在图片上添加文字

   C. 调整图像比例　　　　　　　　D. 编辑视频

7. Claude 的特别之处是（　　）。

   A. 能处理高质量视频　　　　　　B. 能生成代码并预览效果

   C. 能编辑音频　　　　　　　　　D. 专注语音识别

8. AIGC 工具不适用于（　　）领域。

   A. 教育知识　　　　　　　　　　B. 游戏开发

   C. 数据库管理　　　　　　　　　D. 医疗健康

9. PixVerse 的基本功能不包括（　　）。

   A. 根据文字描述生成视频　　　　B. 根据图片生成视频

   C. 总结　　　　　　　　　　　　D. 根据角色生成视频

10. 以下（　　）擅长视频生成。

    A. DALL-E 3　　　　　　　　　　　B. Runway Gen-3

    C. 文心一言　　　　　　　　　　　　D. Kimi

11. AIGC 时代的来临，（　　）是其主要优势。

    A. 提高内容生产效率　　　　　　　B. 降低硬件要求

    C. 增强网络安全性　　　　　　　　D. 改进存储技术

12. 以下（　　）是国外的大语言模型。

    A. 文心一言　　　　　　　　　　　B. Copilot

    C. 讯飞星火　　　　　　　　　　　D. DeepSeek

13. 人工智能视频生成工具的主要应用场景不包括（　　　）。

    A. 教育　　　　　　　　　　　　　B. 营销

    C. 视频流服务　　　　　　　　　　D. 在线支付

二、问答题

1. 简述AIGC和人工智能的主要区别。

2. 列举国内三种文本生成工具及其特点。

3. Claude如何帮助非编程用户完成开发任务？

4. 什么是DALL-E 3的添加文字功能？请举例说明。

5. 为什么Midjourney被称为人工智能绘图入门工具？

6. Midjourney生成图像的主要流程是什么？

7. 如何利用图像使用PixVerse生成视频？

8. 简述Runway Gen-3的核心功能。

9. AIGC视频剪辑工具如何提升内容创作效率？

10. AIGC工具在教育领域有哪些潜在应用？

第四部分

人工智能在各领域的应用

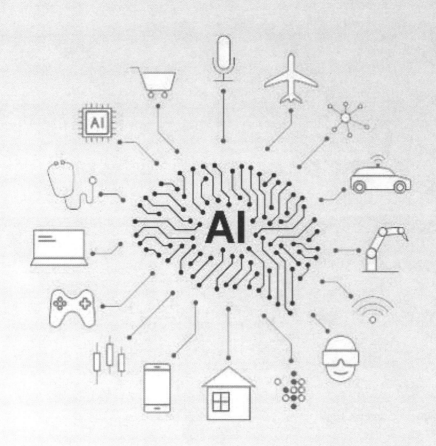

第十章

人工智能在智慧城市中的应用

　　智慧城市是一种新型的城市发展模式，通过人工智能、物联网等先进的技术，改善城市运营中的各种问题，提升城市的整体功能，推动经济增长，改善市民的生活质量。智慧城市的概念，远不止于各类技术的简单集成，它更深层次地体现了现代城市治理理念的精髓。

　　在智慧城市的建设进程中，人工智能正逐步深度融入城市日常运作，借助数据分析、智能决策以及自动化流程等手段，有效提升城市治理与运营的整体效率。与此同时，相关组织正积极制定安全使用智慧城市技术的指导原则。在大力推进技术创新的过程中，力求切实保障市民的隐私与安全。这些规范涵盖了从自动驾驶汽车到多功能聊天机器人等各类技术，希望各城市在引入人工智能时遵循这些标准，确保技术被合理使用。

　　近年来，全球已有一些城市率先迈出了应用人工智能的步伐，展示了这一技术在智慧城市建设中的巨大潜力。

1. 布宜诺斯艾利斯：多功能聊天机器人

　　阿根廷首都布宜诺斯艾利斯在智慧城市建设中处于领先地位。2019年，该市推出了聊天机器人"Boti"，并逐步将其与生成式人工智能技术相结合。到2022年1月，"Boti"已实现了创纪录的1100万次对话，成为市民获取信息和服务的首选渠道。最初，Boti主要用于疫情期间的测试和疫苗接种预约，如今其服务范围已扩展到自行车共享、社会护理等多个领域，极大地方便了市民生活。

2. 阿姆斯特丹：可持续材料的生产

　　荷兰阿姆斯特丹大学的研究团队通过人工智能技术，在可持续材料的生产方面取得了重要进展。他们的研究项目"人工智能促进可持续分子和材料"正利用人工智能创建和发现新型分子和材料，以减少对"化学直觉"的依赖。该团队专注于开发储能盐、可持续钢铁、安全塑料和新型植物蛋白等项目，推动可持续发展材料的创新。

3. 达拉斯: 下一代自动驾驶卡车

在美国得克萨斯州的达拉斯, 人工智能正被用于训练新一代自动驾驶卡车。这些卡车不仅使用传统的图像和数据进行路线规划, 还以可视化车辆行驶路线的3D地图实时检测物体的距离并预测未来10秒内可能发生的情况。这种前瞻性的技术使得自动驾驶卡车在复杂路况下能更好地规避潜在风险, 提升了行驶安全性。

4. 新加坡: 100多个人工智能创新解决方案

作为全球第一个拥有数字孪生模型的国家, 新加坡在智慧城市建设方面一直走在前列。自推出人工智能倡议以来, 新加坡已提出了100多个基于人工智能的创新解决方案。例如, 人工智能被用于帮助教师快速开发新课程内容, 社区中心的聊天机器人也成了居民的重要互动工具。新加坡政府在推动人工智能应用方面表现出极大的热情, 积极修订国家人工智能战略, 旨在使新加坡在全球城市竞争中脱颖而出, 充分利用人工智能带来的优势进行发展。

总的来说, 随着人工智能技术的快速发展, 全球范围内越来越多的城市将其作为智慧城市建设的核心技术之一。通过结合先进的技术, 智慧城市不仅改善了市民的生活质量, 还为经济增长和城市可持续发展提供了新的动能。未来, 随着技术的不断成熟, 人工智能将在智慧城市中发挥更加重要的作用, 推动城市治理向更智能、更高效的方向发展。

第一节　智慧交通的新时代

智慧交通是现代城市发展的一个重要趋势, 它结合了数字科技与人工智能技术, 旨在将这些先进技术融入现有的交通基础设施和运输模式, 全面提升交通系统的效率和安全性。智慧交通的核心在于通过物联网传感器、摄像头等设备, 实现交通基础设施的数字化和智能化, 使交通数据能够在网络中传输和共享, 从而进行精确分析和管理。这种智能化不仅可以优化交通管理, 还能为市民提供更加便捷和环保的出行方式。

一、智慧交通的核心技术与应用

1. 数字化交通基础设施

智慧交通的建设首先要依赖于数字化交通基础设施。这一过程通过物联网传感器、摄像头等设备将道路、桥梁、交通信号灯等基础设施数字化, 实现对交通状况的实时监控和管理。例如, 通过车牌识别系统可以有效监控车辆的流动情况, 而在高速公路上安装的动态称重系统则能精确测量车辆的重量, 可以帮助管理部门实时掌握道路使用情况。

2. 智能交通系统

在数字化交通基础设施的支持下，智能交通系统通过人工智能技术对收集到的数据进行分析，从而实现交通管理的智能化。比如，智能交通系统可以根据实时交通状况，自动调整红绿灯的时间配比，优化公共交通的调度，同时为市民提供最优的出行建议。这种智能化的管理不仅能有效缓解交通拥堵，还能提高公共交通的效率，减少能源消耗，改善空气质量。

3. 无人驾驶与辅助出行

随着计算机视觉、机器学习、数字孪生、激光雷达和全球定位系统等技术的进步，无人驾驶技术在智能交通领域的应用越来越广泛。在特定区域内，无人载具可以精确导航并完成货物的自动化交付，同时也可以通过人工智能辅助视障人士安全出行。这些技术的应用，不仅提高了出行的便利性和安全性，还为解决城市物流和公共服务提供了新的思路。城市无人驾驶车如图10-1所示。

图10-1　城市无人驾驶车

二、智慧交通的主要目标

1. 缓解交通拥堵

交通拥堵是许多城市面临的首要问题。智能交通系统通过优化道路使用、提高车位利用率、推广公共交通和共享交通工具，能够大幅度缓解城市交通压力。例如，通过车位的数字化管理和数据共享，驾驶员可以迅速找到车位，减少司机在城市道路上寻找车位的时间，从而降低交通流量。

2. 提高交通安全

交通安全是智慧交通的另一个重要目标。在人工智能技术的支持下，智能交通系统能够分析实时交通数据，预测潜在的交通事故并提前预警。例如，针对抢道等交通违规行为，人工智能可以通过传感器和摄像头实时监测并向交通管理部门发出警示。此外，智能信号灯系统可以根据实时交通流量调整信号灯的切换时间，减少长时间等待造成的交通拥堵和事故风险。

3. 提升能源效率

能源效率是智能交通系统关注的核心之一。通过智能管理，智能交通系统不仅可以减少交通拥堵造成的能源浪费，还能通过优化交通流量降低碳排放。例如，人工智能技术可以帮助分析车辆的废气排放情况，并针对重点区域的交通信号灯进行优化调整，减少车辆在路口的等待时间，逐步改善城市的空气质量，推动绿色交通的发展。

三、智慧交通的未来发展方向

1. 公共交通与共享出行

随着智能交通系统的逐步成熟，未来的城市交通将更加依赖公共交通和共享出行模式。传统的拥有私家车的观念正在发生转变，越来越多的市民开始接受共享汽车、微型交通等新型出行方式。为了支持这种转变，政府需要进一步完善公共交通网络，推广共享出行平台，并通过智能交通系统实现这些不同出行方式的无缝衔接。

2. 拥堵时刻的智能化调控

智能交通系统的一个重要优势在于能够有效应对交通高峰时段的压力。通过物联网技术和高精度全球定位系统，结合人工智能的高级分析能力，智能交通系统可以实时调整交通信号灯、优化道路使用，为市民提供最佳出行路线。这种智能化的调控不仅可以缓解交通拥堵，还能提升整个城市交通系统的运行效率。

3. 智慧交通与可持续发展

智慧交通的最终目标是实现城市交通的可持续发展。通过大数据分析和人工智能技术，智能交通系统可以帮助城市制定更加环保的交通政策，例如推广电动汽车、优化公共交通网络、减少碳排放等。此外，随着技术的不断进步，智能交通系统将进一步融入城市的整体规划中，以推动智慧城市的发展，实现经济增长与环境保护的双赢。

第二节　智慧医疗的未来

随着科技的飞速发展，智慧医疗已成为引领未来医疗变革的重要方向。智慧医疗融合了信息技术、数据分析、人工智能和机器人技术等前沿科技，致力于提升患者整体医疗体验、优化医疗流程与管理，并显著提高医疗服务的质量与效率。从医疗护理、疾病管理到公共卫生监测和医学研究，智慧医疗的应用范围广泛而深入，正逐步改变着传统的医疗模式。随着信息科技的不断进步，智慧医疗将为全球健康事业带来更多福祉，开创一个全新的医疗时代。

一、智慧医疗的定义与核心技术

1. 智慧医疗的定义

智慧医疗是指在医疗护理领域应用先进的信息技术，以提升医疗质量、效率和便利性。它通过信息通信技术支持卫生和健康相关领域的工作，涵盖大数据分析、基因组学、人工智能和机器人技术等。智慧医疗不止聚焦于疾病的治疗，还包括预防、监测和管理的全过程，旨在通过科技手段优化医疗服务，提升患者整体健康水平。

2. 核心技术

智慧医疗依赖多种先进技术的协同运作，包括传感技术、健康监测技术、大数据分析、人工智能和机器人技术等。例如，传感技术和可穿戴健康监测装置能够实时监测患者的生理数据，如心率、血压和血糖水平等，为医生提供全面的患者信息。大数据分析通过处理海量的医疗数据，提供更精准的临床支持和疾病预测，从而改善诊断和治疗效果。

在人工智能领域，机器学习和深度学习技术的应用显著提高了医学影像的判读效率和准确性。医生可以通过这些技术快速解读复杂的影像数据，尽快发现疾病或预测病情发展。此外，达·芬奇手术机器人作为智慧医疗中的代表性应用，结合了精确的计算能力和机械手臂控制，使外科手术达到了前所未有的精准度和安全性。这种高精度的微创手术技术不仅减少了手术创伤，还缩短了患者的恢复时间，进一步提升了医疗质量。

二、智慧医疗的具体应用场景

1. 医疗护理与疾病管理

智慧医疗在医疗护理方面的应用包括电子病历、医学影像判读、远程医疗和智能手术等。电子病历系统将患者的病史、检查结果、药物记录等信息数字化，方便医护人员查阅和管理，提高诊断和治疗的准确性。人工智能技术在医学影像判读中的应用，能够辅助医生更快速、准确地分析影像，实现尽早发现疾病或预测病情发展。远程医疗通过网络和视频通信技术，使患者在家中也能获得医疗服务，减轻了医院的压力，提高了患者的生活质量。

在疾病管理方面，智慧医疗通过基因检测和精准医疗，能够为患者提供个性化的治疗方案。基因检测可以分析患者的基因序列，找出疾病的致病基因，从而制订更精准的治疗计划。这种个性化照护模式不仅提高了治疗效果，还减少了不必要的医疗资源浪费。

2. 公共卫生监测与教育研究

智慧医疗在公共卫生监测领域也发挥着重要作用。通过对疾病预防和追踪的实时监测，智慧医疗系统能够迅速识别和应对公共卫生威胁。大数据分析技术能够帮助公共卫生机构更深入地理解疾病传播模式，制定有效的预防和控制策略。此外，智慧医疗还为教育研究提供了新平台。通过在线教学和远程教育，医学知识得以更广泛地传播。同时，临床研究也因数据的整合与共享而变得更加高效。

3. 传感技术与健康监测装置

传感技术和健康监测装置是智慧医疗的重要组成部分。各种生理传感器和可穿戴设备能够实时监测患者的健康数据，如心率、血压和血糖水平等。这些数据被传输到医疗系统中，供医生和患者随时查阅，有助于更加及时地追踪患者健康状况。随着物联网技术的发展，这些设备将进一步优化，实现更高效的健康管理和疾病预防。

三、智慧医疗的未来发展趋势

1. 人工智能与机器人技术的广泛应用

随着人工智能和机器人技术的不断进步，智慧医疗将迈向更精准、更个性化的医疗时代。人工智能技术将在医学影像判读、精准医疗、个性化照护等领域得到更广泛的应用。达·芬奇手术机器人（如图10-2所示）是智慧医疗中高精度手术的典型代表，通过结合精确的计算能力和机械手臂控制，达·芬奇手术机器人显著提升了外科手术的安全性和成功率。未来，更多智慧医疗器械和解决方案将进入临床应用，进一步提升医疗诊断和治疗的效率与精准度。

图10-2 达·芬奇手术机器人

2. 大数据分析与物联网技术的深度融合

大数据分析将在智慧医疗中发挥越来越重要的作用。通过对海量医疗数据的深度挖掘，医疗系统将能够更全面地了解患者的健康状况，提供更个性化和精准的治疗方案。此外，物联网技术的广泛应用将实现医疗设备和信息系统的无缝连接，提升医疗效率和安全性。例如，物联网可以将医院设备、患者健康监测装置及医生诊断系统整合，实现数据的实时共享和远程监控。

3. 远程医疗与公共卫生的深度结合

远程医疗的应用范围将继续扩大，不仅服务于偏远地区，还将融入城市居民的日常健康管理中。通过远程监护和诊疗，患者可以在家中接受高质量的医疗护理，减少频繁就医的烦恼。同时，智慧医疗将在公共卫生领域发挥更大作用，通过疾病预防、追踪和健康教育等手段，全面提升公共健康水平。

智慧医疗作为未来医疗发展的重要方向，正通过信息技术与医疗服务的深度融合，推动医疗体系的全面革新。随着人工智能、机器人技术、大数据和物联网等技术的进步，智慧医疗将为人类健康带来更多福祉。我们期待在这一智慧医疗的新时代中，科技与人文关怀紧密结合，为人类创造更健康、更智能的未来。

第三节 智能家居的崛起与关注

在现代科技的推动下，智能家居已逐渐从科幻梦想走向现实。想象一下，清晨，窗帘自动开启，阳光洒入房间唤醒主人；离家后，扫地机器人和空气净化器开始自动工作，保持家居环境整洁；下班回家时，只需一声指令，灯光便能自动开启，电视开始播放喜爱的节目。这样的生活方式，正在成为现实。

过去十年间，科技行业持续推动智能家居技术的普及。随着技术的进步，智能家居的应用门槛越来越低。2022年，《纽约时报》将智能家居列为四大技术趋势之一，引发广泛关注。智能家居为何备受关注？本节将从智能家居的核心优势、发展历程及未来趋势进行分析。智能家居示意如图10-3所示。

图10-3 智能家居示意

一、智能家居的核心优势

1. 集中控制与远程监控

安全与便捷构成智能家居的核心基础。借助集中控制系统，用户无论身在家中还是远程，均可轻松掌控灯光、家电、电动窗帘、燃气阀门和安防设备。即使身处外地，用户仍能通过手机或电脑实时监控家中的情况，确保家庭成员的安全。这种集中控制与远程监控功能，既提供了便利，也为家庭安全构筑了防线。

2. 提升生活便利性与舒适度

智能家居致力于为用户营造舒适、安全、方便且高效的生活环境。传统家居需要手动操作各类设备，如寻找遥控器打开电视，起身开关灯光等。而智能家居通过手机、平板或语音助手即可联动控制灯光、警报、窗帘、空调等设备。这种集成化控制大幅提升了生活的便利性与舒适度，让用户享受智能化体验。

3. 个性化定制满足多元需求

智能家居的另一个显著优势是高度个性化定制能力。用户可以根据自身需求预设场景模式，如智能照明控制、家电联动、家居警报和环境监测等。无论是老人、儿童还是成年人，均可通过简单设置获得个性化功能支持。此外，通过传感器和定时功能，智能家居还能实现自动化操作，可以进一步提高用户生活品质。

二、智能家居的发展历程

1. 起源与早期探索

智能家居的概念可追溯至数十年前。1984年，美国联合科技公司将建筑设备信息化、整合化概念应用于城市场所建筑项目，揭开了全球智能家居的序幕。这一创举展现了智能化管理的潜力，引发了全球研究热潮。然而受限于当时的技术和成本因素，智能家居的普及进程较为缓慢。

2. 技术突破与市场普及

随着互联网、物联网、人工智能等技术的突破性发展，智能家居产品开始大规模商业化。智能音箱、智能电视、智能门锁等设备相继面世，通过无线网络实现互联互通，可实现自动调节室内温度、光线和安防状态等功能。特别是在居家办公期间，无接触控制和远程管理的优势使智能家居受到了前所未有的关注和推广。

3. 疫情推动下的加速发展

疫情期间，智能家居因能有效降低接触风险广受青睐。远程办公、在线教育需求催生了智能家居设备快速迭代，其市场渗透率显著提升。

三、智能家居的未来趋势

1. 无线连接的全面普及

未来，大多数智能家居设备将具备无线连接功能。这意味着用户将可以通过手机或网络远程控制大多数家居设备。无线技术的普及不仅提高了设备的便捷性，还推动了智能家居的全面发展，真正实现家庭生活的智能化和便捷化。

2. 传感器配置的广泛应用

智能家居的发展将随着传感器技术的发展进一步升级。未来，智能家居中的传感器配置将快速增加，以更好地满足用户多样化的需求。这些传感器将与智能家居设备联动，通过感应人体活动自动调节家居环境，提供更加自然和舒适的居住体验。

3. 人工智能的深度嵌入

随着人工智能技术的不断成熟，未来的智能家居设备将逐步嵌入人工智能功能。例如，家居智能管家将实现语言理解与主动服务。人工智能技术不仅可以提升家居设备的智能化水平，还将为家庭生活带来全新的互动体验，让家居环境更加智能化和人性化。

4. 更人性化的用户界面

未来，智能家居产品将提供更加直观、易用的人机交互界面。语音控制和手势识别将成为主流操作方式，用户无须复杂的设置即可轻松管理家中的智能设备。随着这些技术的普及，智能家居将变得更加便捷和友好，帮助用户节省更多时间，享受更高质量的家庭生活。

知识巩固

一、单选题

1. 智慧城市的核心目标是（   ）。
   A. 提高城市美观度　　　　　　　　B. 改善市民生活质量和推动经济增长
   C. 降低技术成本　　　　　　　　　D. 增加城市人口密度
2. 布宜诺斯艾利斯的Boti最初用于（   ）。
   A. 旅游导航　　　　　　　　　　　B. 疫情测试和疫苗预约
   C. 自动驾驶导航　　　　　　　　　D. 垃圾分类指导
3. 阿姆斯特丹大学的人工智能促进可持续分子和材料项目专注于（   ）领域。
   A. 自动驾驶　　　　　　　　　　　B. 可持续材料研发
   C. 图像生成　　　　　　　　　　　D. 智能医疗设备
4. 达拉斯的自动驾驶技术主要应用于（   ）。
   A. 自动驾驶卡车　　　　　　　　　B. 智能家居
   C. 人工智能聊天机器人　　　　　　D. 疾病监测

5. 新加坡在智慧城市中引入了约（　　　）人工智能解决方案。

    A. 10种　　　　　　　　　　　　　B. 50种

    C. 100多种　　　　　　　　　　　D. 200种

6. 以下（　　　）是智慧交通的核心目标之一。

    A. 提升城市建筑美感　　　　　　　B. 减少能源浪费和碳排放

    C. 增加私家车数量　　　　　　　　D. 提高市民收入

7. 智慧交通通过（　　　）缓解交通拥堵。

    A. 增加道路宽度　　　　　　　　　B. 采用数字化和智能化交通管理

    C. 限制公共交通工具使用　　　　　D. 减少共享单车数量

8. 智慧医疗中的达·芬奇手术机器人最显著的优势是（　　　）。

    A. 降低手术费用　　　　　　　　　B. 提高手术的精准度和安全性

    C. 减少医生数量　　　　　　　　　D. 增加手术时间

9. 智能家居的核心优势不包括（　　　）。

    A. 提升生活便利性　　　　　　　　B. 集中控制与远程监控

    C. 增加手动操作难度　　　　　　　D. 提供个性化定制

10. 未来智能家居的发展趋势是（　　　）。

    A. 无线连接的全面普及　　　　　　B. 停止智能设备的研发

    C. 增加手动设备的使用　　　　　　D. 取消个性化定制功能

二、问答题

1. 简述智慧城市的定义及其关键目标。

2. 列举阿根廷布宜诺斯艾利斯和新加坡在智慧城市建设中采用的不同人工智能解决方案，并说明其优势。

3. 智慧交通如何利用人工智能技术提升交通安全？请举例说明。

4. 智慧医疗通过哪些技术提升医疗服务质量？

5. 智能家居的未来趋势有哪些？

第十一章

人工智能在工业和制造业中的应用

智能制造作为全球先进国家的战略性发展重点，对各国企业当前及未来发展具有深远影响。智能制造在国际上通常被称为工业4.0，又称生产力4.0，是由德国政府提出的高科技发展战略，被视为第四次工业革命的核心内容。

第一节 工业 4.0

根据罗克韦尔自动化《第九版年度智能制造现状报告》，全球主要制造业国家中，95%的企业已实施或正在评估智能制造技术。该报告指出，生成式人工智能在投资回报方面位列第二，83%的制造业企业将采用生成式人工智能技术，使其成为最具潜力的投资方向之一。

一、人工智能驱动的工业 4.0——从概念到实践

1. 工业4.0的演进历程

工业4.0概念于2011年在汉诺威工业博览会被首次提出，标志着制造业进入新阶段。工业革命发展历程如图11-1所示。

人工智能的应用使工业4.0不再只是一个概念，而是逐步变为现实。通过人工智能驱动的智能制造，企业不仅能够提高生产效率，优化资源配置，还能够应对日益复杂的市场需求，最终实现可持续发展。

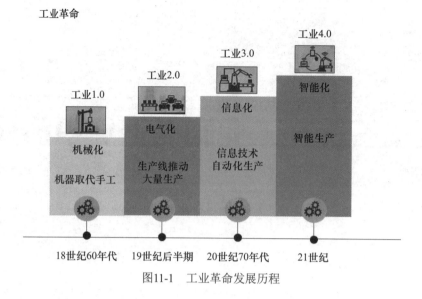

图11-1　工业革命发展历程

2. 工业4.0的落实实施

工业4.0不仅是简单的自动化，而且是围绕"贯穿整个价值链周期管理与服务"的全新理念。

德国工业4.0专家森德勒警示企业界，如果产品不具备联网功能，未来将失去市场竞争力。即使产品能够联网，若不善于利用联网产生的数据，竞争对手将迅速抢占客户资源和市场份额。这种变革速度远超预期，消极应对等于自取灭亡。

要真正推动工业4.0的落地，需要从技术、行为和理念三个层面深入理解工业4.0的核心要点。

（1）技术层面：整合云计算、大数据、物联网、机器人、自动化、人工智能等技术，构建综合系统。

（2）行为层面：通过设备间通信、决策与协作，持续提升工业制造效能，创造更大的价值。

（3）理念层面：以信息物理系统为核心，围绕智能工厂建设，重点发展机器人技术，构建人机协作环境，推动智能化制造发展。

人类世界可以分为三个部分：数字世界、意识世界和物理世界。信息物理系统指的是由数字化或网络化的虚拟部分与物理部分交互构成的系统。其中部分成员或设备具备智能特性，形成智能设备或工具系统。

简单来说，工业4.0的本质就是通过虚实整合，实现掌握并分析终端用户需求，进而驱动生产、服务和商业模式的创新。换句话说，企业推动工业4.0应以服务客户为出发点，带动研发、供应链和生产环节的变革，实现整个系统和价值链的全生命周期管理。

二、工业4.0的新思维与机遇

如上文所述，工业4.0不仅是自动化，更是整条价值链全生命周期管理与服务的新理念。在消费者意识提升、互联网普及（如智能手机、电商等），以及市场竞争加剧的背景下，传统工业3.0时代强调的自动化和标准化作业大规模生产模式，由于设备维护与管理带来的巨大资本支出，众多企业利润下滑，甚至难以维持可持续发展。

工业4.0实现了从传统自动化和标准化作业的大规模生产，向融合智能互联、智能生产、智能工厂的定制化生产模式转型（如图11-2所示）。其核心目标是建立按需生产、按需服务的体系，推动制造业服务化与协同化发展。具体表现在以下几个方面。

（1）智能互联：构建消费者与制造者的协同体系，实现按需服务。

（2）智能生产：建立工厂间的协同合作，实现按需生产。

（3）智能工厂：推进人机协同、机器与机器协同，保障按需生产。

工业4.0的核心突破在于增强生产灵活性与市场需求响应能力，有效克服传统标准化生产的局限性，创造更大的市场价值。

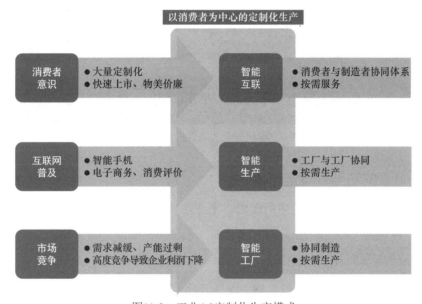

图11-2　工业4.0定制化生产模式

机器与机器协同是指多设备协作提高生产效率。工业机器人和谐双机协作模式示意如图11-3所示。在工厂内，每个系统、每台设备、每种材料都能够相互通信，并根据不同的需求自动处理订单，实现智能化生产。

智能工厂以消费者为中心的定制化生产模式，在确保产能稳定和产品良率的前提下，展现出卓越的生产柔性，能够有效应对市场需求。

智能工厂的应变能力具体表现为以下三方面。

（1）交期短：小批量定制化生产，能够在12小时内交货。

（2）生产效率高：可以在不随意扩建工厂或增加人力的情况下提升产能，提高效率。

（3）库存水平低：实现零库存管理。

　　智能工厂的核心能力体现在：按需供应，订单驱动原材料自动配送至生产线；按需生产，实现精准高效制造。实现路径为大数据分析和管理系统的整合。通过应用优化模型、采用统计分析方法、实施数据采集技术，将数据分析与企业制度融合，构建高智能化的人机协同工作环境。这种人机协作的生产模式是工业4.0智能制造的重要核心竞争力。

图11-3　工业机器人和谐双机协作模式示意

三、工业 4.0 的新架构与运作模式

　　面对大规模个性化定制的生产需求，企业在升级为工业4.0智能工厂时，通常会考虑以下几个方面。

1. 建立智能工厂平台

　　通过各个系统（如制造执行系统、现场数据采集系统、产品生命周期管理系统、定位系统等）实现协同工作，解决系统间的对接问题，确保信息流畅共享和高效管理。

2. 使用智能设备

　　通过引入智能化的设备，促进人与机器、机器与机器之间的协同工作，最大限度提升生产效率。

3. 旧设备升级

　　通过智能外挂装置升级旧设备，使其能够与智能工厂平台无缝对接，达到协同工作的目标。智能外挂只是手段，最终目的是实现设备的高效协同与数据共享。

　　这种运作模式不仅提高了生产的灵活性和效率，还为工厂提供了更强的市场适应能力。

1. 制造执行系统：制造执行系统是智能工厂的信息枢纽，是其核心运营平台。它的核心任务是车间制造管理、研发质量管控、精益生产体系、供应链精准协同等。

2. 产品生命周期管理：产品生命周期管理是对产品全生命周期数据进行系统化管理，确保数据可追溯与持续优化。

智能工厂的数据基础：具体来说，智能工厂以物联网作为基础数据采集机制，收集到的大数据是智能工厂的重要资产，包括历史数据和实时数据。通常，智能工厂运用数据对生产线将进行以下三方面的操作。

（1）预测：基于建立的模型，使用实时数据和历史数据生成对未来情况的预测数据。

（2）优化：基于模型，结合实时数据、历史数据以及预测数据，生成生产的优化方案，并将其传递给控制平台。

（3）控制平台：根据优化方案的信息，协同控制设备和人员的操作，确保生产流程的高效运作。

通过这些数据驱动的运作模式，智能工厂能够实现生产效率的提升、资源的优化配置以及对市场变化的敏捷响应。

第二节　机器人技术的变革与未来

自工业革命以来，科技一直在推动制造业不断进步。作为现代制造业的重要组成部分，工业机器人正在成为制造业智能化的重要支撑。随着技术的不断发展，市场研究机构预测机器人市场在未来几年内使用率将持续增长。这种增长主要受制造业自动化与智能化需求的推动。本节将从人工智能驱动、协作机器人以及物联网融合三个方面，探讨机器人技术的发展趋势与应用前景。

一、人工智能驱动

1. 人工智能与机器人自主性

人工智能是工业机器人发展的核心驱动力之一。随着深度学习技术的进步，工业机器人已从执行简单重复性任务向更复杂自主决策方向发展。如家居机器人（如图11-4所示），可以通过人工智能技术实现智能决策。具备机器视觉能力的工业机器人可完成物体识别分类，实现制造流程自动化。随着人工智能技术的突破，工业机器人智能化水平将持续提升。

图11-4 家居机器人

在我国，人工智能技术已在制造业中广泛应用。许多制造企业通过引入人工智能技术提升了生产效率和产品质量。例如，海尔集团通过人工智能技术优化生产流程，使生产效率大大提高。同时，人工智能驱动的智能制造系统在汽车制造、电子产品生产等领域也取得显著成效，为我国制造业升级提供重要支撑。

2. 机器视觉的进步

随着机器视觉技术的不断发展，机器人在定位、识别和抓取物体能力方面取得了巨大的提升。搭载智能视觉系统的机器人可精确操控不同规模和形态的物料，高效完成码垛、分拣及自动光学检测等操作。依托机器视觉技术，机器人不仅能够完成复杂的生产任务，还可以根据外观特征对产品进行自动分类。以生产线应用为例，机器人可以在生产线上进行零件的质量检测和分类，从而提高生产效率和产品合格率。

机器视觉技术已被广泛应用于多个行业。例如，华为公司在其智能手机生产线上引入了具备机器视觉的机器人，这些机器人能够自动检测手机屏幕的瑕疵，确保每一部出厂的手机都符合高标准的质量要求。此外，在食品饮料行业，机器视觉技术也被用于自动化包装和检测，从而有效提升生产效率。

二、协作机器人

1. 柔性化协作机器人

柔性化协作机器人是集成了先进传感技术、智能控制算法和模块化设计的协作型工业机器人，可在非结构化环境中实现人机安全协作。与传统工业机器人不同，柔性化协作机器人能够与人类一起工作，无须传统的安全隔离措施。这类机器人具备高度的安全性和灵活性，通常配备直观的图形化编程界面，支持低代码编程，可以快速部署和应用。

在我国，柔性化协作机器人正在迅速普及。例如，新松机器人现已广泛应用于制造、物流和医疗等领域。这些机器人不仅可以与工人协同工作，还能够自动调整工作节奏，以适应不同生产线的需求。在汽车制造领域，柔性化协作机器人常被用来执行装配、焊接和喷漆等任务，大幅提高了生产线的效率和灵活性。

2. 自主移动机器人

自主移动机器人是另一种正在迅速发展的机器人技术，特别是在仓储、物流、半导体和医疗保健领域。与传统的自动导引车不同，自主移动机器人不依赖轨道或预先定义的路径，而是能够独立分析环境并自主导航。这类机器人的引入极大地提升了作业效率和准确性，尤其是在复杂的物流环境中，自主移动机器人能够灵活应对不同的任务需求。

在我国，许多企业已经开始使用自主移动机器人。例如，京东物流在其智能仓库中广泛应用这类机器人用于自动搬运货物并进行分拣，大幅缩短了订单处理时间，提高了运营效率。此外，自主移动机器人在半导体制造和医疗物资配送中的应用也在逐步扩大，逐渐成为各行业提高生产和服务效率的关键工具。

三、物联网融合

1. 机器人与物联网的结合

物联网技术的引入，使得工业机器人能够实现更高水平的互联与数据交换，从而构建智能化制造网络。通过与其他设备和系统的互联，机器人不仅可以实现实时监控和故障预测，还能依托数据分析优化生产流程，显著提升生产效率和产品质量。

在我国，物联网与机器人技术的融合已取得显著成果。例如，美的集团在智能家电生产线中应用了物联网技术，实现设备间的协同通信，构建了高度自动化和智能化的生产体系。通过物联网平台的连接，多类型机器人协同工作，生产效率大幅提高，生产成本同步降低。机器人在生产线工作示意如图11-5所示。

图11-5　机器人在生产线工作示意

2.智能制造的未来展望

随着人工智能和物联网技术在工业场景中的深度融合，智能制造将成为未来工业发展的核心方向。人工智能技术的赋能使机器人具备更高的自主性和决策能力，可在复杂的生产环境中独立完成操作。同时，物联网技术的广泛普及将进一步增强机器人与其他制造设备的协作性，推动制造业向智能化、柔性化转型。

在我国，智能制造的进程正在加速。国家政策的支持与企业积极参与形成合力，政策鼓励更多企业应用机器人和物联网技术，提升竞争力和创新能力。

未来，机器人市场将持续高速发展，应用场景不断拓展且智能化水平显著提升。例如可利用机器人完成采矿任务。采矿机器人如图11-6所示，人工智能和视觉技术的结合，将大幅提高机器人的精确度、自主性和作业效率，为各行业创造新机遇，并为人类创造更多价值和便利。例如，特斯拉推出的人形机器人擎天柱，旨在代替人类完成重复性高、危险或单调工作。从长远来看，机器人产业的发展空间巨大，充满了无限可能。对于先行者而言，这既是机遇也需直面技术突破与产业化的挑战，需要大家共同努力推动领域创新。

图11-6　采矿机器人

第三节　智能制造

智能制造源自人工智能的研究。一般认为，智能是知识与智力的综合体。其中，知识是智能的基础，智力则是指获取和运用知识进行问题解决的能力。智能制造技术架构示意如图11-7所示。

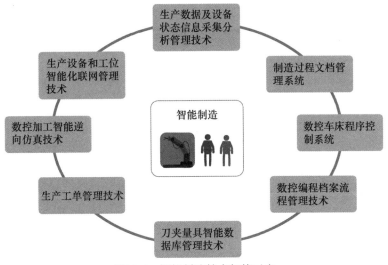

图11-7　智能制造技术架构示意

一、智能制造的概念

智能制造包含智能制造技术和智能制造系统。智能制造系统不仅能够在实践中不断充实知识库，还具有自学习功能，能够收集并理解环境信息和自身信息，进而进行分析、判断和规划自身的行为。

总体而言，智能制造系统是一种由智能机器和人类专家共同组成的人机一体化智能系统。它强调在制造各个环节中，通过高度柔性和集成化的方式进行分析、推理、判断、构思和决策，利用计算机模拟人类专家的智能活动，部分替代或延伸制造环境中人类的脑力劳动。同时，智能制造系统还能收集、存储、完善、共享、继承和发展人类专家的制造智慧。

这种智能制造模式突出知识在制造活动中的核心地位。知识经济是继工业经济之后的主体经济形式，智能制造将成为未来制造业的重要生产模式。智能制造系统既是智能技术集成应用的环境，也是智能制造模式展现的载体。

从功能角度看，智能制造系统可分为设计、计划、生产和系统活动四个子系统。

在设计子系统中，智能定制突出消费者需求对产品概念设计过程的影响；功能设计关注产品的可制造性、可装配性以及可维护性和保障性。此外，智能技术也广泛应用于模拟测试。

在计划子系统中，数据库架构将从简单的信息型发展为知识密集型。在排序和制造资源计划管理中，模糊推理等多种专家系统将被集成应用。

生产子系统为自治或半自治系统，广泛应用于生产监控、状态获取、故障诊断和检验装配。

在系统活动子系统中，系统控制已经开始应用人工神经网络技术，同时采用分布式技术、多智能体技术和泛在技术，通过开放式系统架构实现并行活动，满足系统集成要求。

由此可见，智能制造系统的理念建立在自组织、分布式自治和社会生态学机制之上，旨在通过设备柔性与计算机人工智能控制的结合，自动完成设计、加工和管理控制过程，从而有效应对高度变化的制造环境需求。

二、智能制造的四大关键要素

1. 智能产品

智能产品是传统产品服务的延伸，通过加入电子设备、智能功能、通信功能和互联网，成为由"实体组件""智能组件""连接组件"构成的产品。智能制造与智能产品相辅相成，智能产品为智能制造提供理想的产品基础，智能制造则扩展了智能产品的市场应用机会。

2. 智能生产

智能生产是从供应链到生产线的全面连接过程，覆盖制造程序、原材料、生产、包装及物流的所有环节。通过自动化系统，智能设备可实时反馈数据，使生产者优化效率，提升流程可控性，从而改善制造服务与售后服务质量。

3. 智能工厂

智能工厂是智能制造技术的具体应用形式。通过利用自动化技术和系统，减少人工干预，实现高度智能化的生产环境。智能工厂不仅能提高生产的灵活性、效率、品质和生产力，还可以逐步实现定制化生产，成为未来制造业的典范。

4. 智能物流

智能物流是将配送流程与厂内外系统相结合，通过传感器记录物流各环节数据，并由后台系统进行分析。它能够提高物流弹性，及时应对各种突发状况，同时降低运输成本，优化供应链整体效率。

三、实现工业4.0智能制造目标的四个阶段

工业4.0是全球制造业转型的驱动力。智能工厂的构建需分阶段推进。其中现有设备升级、新设备引入，以及管理层对智能工厂的认知提升，均需专业规划与技术支持。实现工业4.0智能制造目标可分为以下四个阶段，如图11-8所示。

图11-8 实现工业4.0智能制造目标的四个阶段

1. 机械自动化

机械自动化是转型工业4.0智能制造的第一步，旨在减少人力依赖，夯实精益生产基础。主要技术与设备包括以下几方面。

（1）机器视觉：通过计算机模拟人类视觉感知，实现图像识别与检测。

（2）工业机器人：执行高精度、重复性生产任务。

（3）自动导引车：配备电磁或光学导引装置，沿预设路径行驶，具备安全与搬运功能。

2. 设备联网及数据获取

通过物联网和传感器实现数据的实时采集和传输，取代人工记录。

3. 数据应用整合与可视化

通过制造执行系统整合设备和生产数据，实现全流程可视化。使用电脑屏幕作为仪表盘，通过手机应用或在指挥中心进行分析与讨论，实现实时数据分析与可视化，以优化生产流程。制造执行系统架构如图11-9所示。

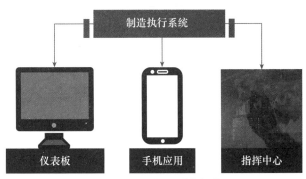

图11-9　制造执行系统架构

延伸学习

工业4.0指挥中心是智能工厂的核心，其依托先进的数据采集与展示技术，推动企业完成数字化转型。

4. 人工智能深度融合

人工智能深度融合是智能制造发展的重要方向。通过数据驱动的机器学习模型，企业可实现生产过程的预测性优化，提高生产效率和质量。同时，物联网、大数据、云计算等技术与人工智能的深度融合，将进一步推动智能制造的发展。自动化和机器人将替代人类执行重复性高、危险性强的工作，减少人为错误与人力成本，但这也可能带来就业结构的变化等社会影响。企业需要综合考虑技术发展和社会影响，全面提升自身竞争力。

知识巩固

一、单选题

1. 工业4.0的首次提出在（　　　）。
   A. 美国消费电子展
   B. 汉诺威工业博览会
   C. 中国国际进口博览会
   D. 世界互联网大会

2. 工业4.0的核心技术不包括（　　）。

    A. 大数据   B. 云计算

    C. 蒸汽机   D. 人工智能

3. 工业4.0的主要目标是（　　）。

    A. 降低工业化生产成本   B. 提升自动化程度

    C. 构建智能化、个性化生产模式   D. 提高能源消耗

4. 推动工业4.0的关键技术之一是（　　）。

    A. 机械自动化   B. 人工神经网络技术

    C. 手工操作   D. 批量生产

5. 柔性化协作机器人的主要特点是（　　）。

    A. 需要安全隔离   B. 可与工人协作

    C. 仅适用于物流行业   D. 价格昂贵

6. 工业4.0强调（　　）模式。

    A. 标准化批量生产   B. 定制化按需生产

    C. 手工制造   D. 传统流水线作业

7. 以下（　　）不属于工业4.0智能工厂的要素。

    A. 智能设备   B. 大数据分析

    C. 手动记录生产数据   D. 制造执行系统

8. 自主移动机器人的特点是（　　）。

    A. 依赖预设路径   B. 具备自主导航能力

    C. 仅能在仓库中使用   D. 需要人工干预

9. 智能制造系统通过（　　）进行生产优化。

    A. 增加工人数量   B. 应用人工智能和大数据分析

    C. 减少生产步骤   D. 批量扩建工厂

10. 物联网在智能制造中的主要作用是（　　）。

    A. 提供智能设备电源   B. 实现数据采集和实时传输

    C. 替代人工决策   D. 规划未来生产线布局

二、问答题

1. 简述工业4.0的概念及其发展历程。

2. 柔性化协作机器人与传统工业机器人的主要区别是什么？

3. 举例说明自主移动机器人在实际应用中的优势。

4. 简述智能制造的概念及关键要素。

5. 智能工厂如何通过大数据和人工智能提升生产效率？

第十二章
人工智能在金融和零售中的应用

金融业与零售业作为大数据分析的先行者，始终高度重视信息流管理。理论上，这些行业导入人工智能的门槛较低，成功率较高。但实际应用中，人工智能的有效落地不仅需要技术跟进，更依赖企业对业务的深度规划、数据基础设施的完善，以及人工智能团队的技术成熟度。本章将通过金融和零售案例，探讨人工智能的应用现状与未来潜力。

第一节　智能理财

一、风险管理的精准预测

风险管理是金融业的核心任务。传统方法依赖历史数据与统计模型预测信用风险、市场风险和操作风险，预测精度较低，而人工智能技术能够显著提升预测精度。通过深度学习算法，金融机构能更精准识别潜在风险并制定应对策略。

例如，在信用卡诈骗检测方面，人工智能可以分析交易数据中的异常，提前识别可能的诈骗行为，从而保护客户的资金安全。同时，人工智能还能够帮助保险公司进行精算，预测不同保单组合的风险水平，为客户提供更个性化的保险产品。这些基于人工智能的精准预测大幅提升了金融机构的风险管理能力。

二、个性化金融服务与产品推荐

人工智能通过分析客户行为数据与历史记录，实现金融服务的精准定制。例如，根据资产规模、投资偏好和风险承受能力，向客户智能推荐理财产品或信用卡；结合语音识别与自然语言处理技术，在客服环节匹配最优服务人员（基于性别、年龄、交易记录等），提升客户满意度与运营效率。

三、人工智能与区块链的结合

区块链的安全透明特性与人工智能的数据分析能力结合，将为金融业带来新可能。人工智能可以分析区块链交易数据，预测市场趋势或检测操纵行为。二者的技术协同增强了金融产品的安全性与可靠性。

第二节　智能新零售

一、智能新零售发展的背景

2016年，马云在阿里云栖大会提出"新零售"的概念，指出未来将无纯电商，唯有线上线下与物流融合的新模式。

随着互联网和移动互联网终端的大规模普及，传统电商带来的用户增长和流量红利逐渐消退，发展瓶颈日益显现。对于传统电商企业而言，变革成为唯一的出路。未来，传统电商平台将逐渐消失，随之替代的是线上线下与物流相结合，催生出的新零售模式。

这里的线上是指云平台，线下则指销售实体店铺或生产企业，新物流模式将通过减少库存、降低囤货量来实现效率提升。传统电商平台的消失意味着现有的大型电商平台将被分散化，每个人、每家企业都将拥有自己的电商平台，不再依赖京东、天猫等大型电商平台。

此外，传统线上电商自诞生之日起就面临着难以弥补的显著缺陷，线上购物的体验始终无法与线下购物相比。相对于线下实体店提供的可视、可听、可触、可感、可用等直观和信任属性，线上电商需要找到能够提供真实场景和优质购物体验的现实路径。

线上电商在用户消费体验方面，远逊于实体店，无法满足人们日益增长的高品质、差异化和体验式消费需求，这也成为传统线上电商企业实现可持续发展的短板。在居民人均可支配收入不断提高的背景下，人们对购物的关注点已经不再局限于价格低廉，而是更加关注消费过程的体验和感受。

探索通过新零售模式来推动购物体验升级，推进消费方式的变革，构建全渠道的零售生态格局，已成为传统电商企业自我创新发展的重要路径。

二、智能新零售的观点

智能新零售的核心在于推动线上与线下的深度融合，关键在于让线上互联网的力量与线下实体店形成真正的合力，促成电商平台与实体零售店在商业维度上的优化升级。同时，推动从价格消费时代向价值消费时代的全面转型。

综合以上可知，所谓新零售是一种商业智能的体现。它依托互联网，通过运用大数据、人脸识别、云计算等先进技术，结合新的营销心理学知识，对商品的生产、流通和销售过程进行全面升级与改造，进而重塑行业结构与生态圈，深度融合线上服务、线下体验与现代物流，形成一种全新的零售模式。

简单来说，新零售是基于互联网空间中的"人""货""场"通过不断优化的算法与硬件整合，实现零售行业的精准化、规模化、无人化管理。如无人酒店就是智能新零售的体现之一，如图12-1所示。

图12-1　无人酒店

传统电商模式下，个体店铺集中在同一平台销售，如同局限在"小池塘"中。智能新零售模式可实现从流量竞争到价值创造的转变，帮助企业突破传统电商的"小池塘"局限，创建可持续增长的生态体系。

部分学者认为新零售本质上就是"零售数据化"。线上用户信息天然可数据化，而传统线下用户数据采集曾面临挑战。如今，随着人工智能的应用，线下场景（如用户进店路径、商品抓取、货架互动），已能转化为结构化数据，进而生成用户标签并与线上数据整合优化用户画像，同时支持异常行为预警等管理功能。

延伸学习

标签是对特定群体或对象某项特征的抽象分类，其值需具有可分类性。例如，将人群的"男""女"特征抽象为性别标签。

马云在2016年提出了发展的五大趋势，这五大趋势将深刻影响各行各业，分别是新零售、新制造、新金融、新技术和新能源，如图12-2所示。

新零售：以消费者为中心的线上、线下物流融合，打通会员、支付、库存与服务数据。

新制造：从规模化转向智能化、个性化和定制化。

新金融：未来的新金融必须支持"八二理论"，即支持80%的中小企业和个性化企业的发展，而非过去传统金融所遵循的"二八理论"。

新技术：数据成为"燃料"。

新能源：数据是越用越增值的新型能源。

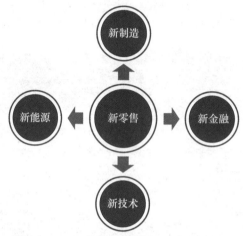

图12-2　未来发展的五大趋势

电商发展至今，已占据全球零售市场的主导地位，这也验证了盖茨曾经说的：人们往往高估未来两年可能发生的变化，却低估了未来十年可能发生的变化。

随着新零售模式的逐步落地，线上和线下将从过去的相对独立、相互冲突，逐步转变为互相促进、彼此融合。电商的表现形式和商业路径必将发生根本性的变化。当所有实体零售都具备明显的电商基因特征时，传统意义上的电商将不复存在，而现在人们经常谈论的电商对实体经济的冲击也将成为历史。

第三节　智能客服

一、智能客服简介

智能客服是在大规模知识处理基础上发展起来的一项面向行业的应用，涉及大规模知识处理、自然语言处理、知识管理、自动问答、推理等技术，具有行业通用性。智能客服也称为智能客服机器人。

智能客服不仅为企业提供了精细化的知识管理技术，还为企业与海量用户之间的沟通建立了一种基于自然语言的、快捷高效的技术手段。同时，它还能为企业提供精细化管理所需的统计分析信息。

客服机器人的发展大致经历了以下四个阶段。

第一阶段：基于关键词匹配的检索式机器人。

第二阶段：运用模板，支持多词匹配并具备模糊查询能力的机器人。

第三阶段：在关键词匹配基础上引入搜索技术，根据文本相关性进行排序的机器人。

第四阶段：基于人工神经网络，通过深度学习理解用户意图的智能客服机器人。

通过这四个阶段的演进，智能客服逐渐具备了更高效、更智能的服务能力，为企业拓展了更广泛的应用场景。智能客服案例界面如图12-3所示。

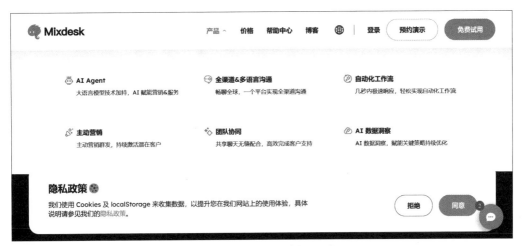

图12-3　智能客服案例界面

二、智能客服助力企业效能提升

设立客服的目的是促进企业与用户的有效沟通，或帮助用户在过程中获得良好的服务体验。当用户量激增时，有限的人工客服资源可能导致服务效率下降，进而影响用户满意度。智能客服的引入能有效缓解这一问题。

目前，智能客服尚未完全取代人工客服，其实际作用更多体现在用户意图的理解和预测上。智能客服首先解决了"即时响应"的需求，通过分析用户问题并分类，常见问题可由系统自动处理，复杂问题则转接至人工客服。智能客服基本模式示意如图12-4所示。

此外，智能客服还能进一步优化服务。例如，当用户联系客服进行退换货时，系统可以根据其历史行为数据（如偏好部分退款、退货或换货等），提供更个性化的解决方案。

智能客服另一个优势是场景适配能力。一方面，系统可以快速将企业的业务问题导入数据库；另一方面，它能通过行业语言累积和平台扩展，持续优化数据库，实现服务能力的迭代升级。

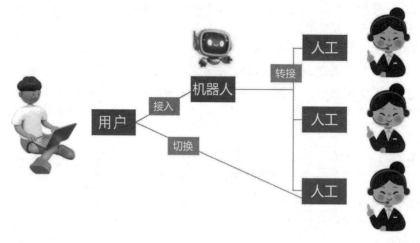

图12-4　智能客服基本模式示意

以百度智能客服机器人小度为例，它具备以下四大优势：

1. 降低成本，高效保质

通过智能问答功能，小度能够有效解答80%的用户重复性咨询问题，减少了人工客服的工作量，并统一标准化回答常见问题。智能化的服务提升了服务响应速度，降低了培训成本，同时确保了服务质量的标准化和稳定性，极大提高了用户满意度。

2. 全天在线，随时服务

小度提供24小时全天候在线客服服务，确保不会因等待而失去任何用户。其稳定的系统能够同时处理大量用户需求，企业管理者还可以通过百度的智能管理平台或微信等渠道即时了解它的服务情况，即使远程工作也能为用户提供支持。

3. 语义理解，语音识别

小度基于百度领先的语音识别和语义理解技术，识别准确率超过90%。通过深度神经网络算法，具备强大的抗噪能力和多轮对话的理解能力，能够根据用户的语音内容准确判断其意图。此外，小度还能够区分人工客服与用户的语音互动，标注对话时间段和角色，并通过分析对话中的语调、语气和语义，实时识别用户的情绪波动。

4. 追踪需求，辅助决策

小度能够自动识别用户的热点问题，为管理者提供实时的用户需求数据，帮助企业制定更加符合用户需求的解决方案。它还可以通过不断的数据积累，帮助企业挖掘潜在商机，同时帮助人工客服学习新的沟通技巧，提升整体服务水平。

小度的核心价值在于帮助企业在成本、效率、员工满意度和用户满意度方面全面提升。同时，通过智能客服系统的融入，企业客服部门可以实现功能升级与转型，推动企业客服市场的创新与变革。

三、研发智能客服需要克服的困难

实现智能客服的关键包括自然语言处理和知识图谱，自然语言处理是人工智能的核心领域，通过深度学习算法使计算机能够理解、解释和生成人类语言。其核心技术包括语义理解、意图识别和上下文建模等。

微软提出的 GraphRAG 利用大语言模型根据输入的文本库创建一个知识图谱。这个图谱结合摘要和图神经网络的输出，在查询时增强提示效果。实践证明，GraphRAG在处理私有数据集时，其性能超越传统方法，展现出显著优势。

在智能客服的应用中，自然语言处理的重点在于能否准确识别用户的语句，而知识图谱技术则是考验能否真正理解语句的语义。自然语言处理具有通用性，但知识图谱在不同行业之间存在较大差异，尤其是在汉语中，同样的词汇在不同的行业和场景中可能有不同的含义。举例来说，当用户在智能客服中提到"橘子"一词，在外卖平台上可能意味着用户想要橘子口味的食品，而在服饰电商平台上则可能指用户在寻找橘色的服装。因此，在研发智能客服时，除了需要先进的自然语言处理技术，还需要构建符合行业需求的专业知识图谱，以确保系统不仅能识别客户的需求，才能真正理解并提供精准的响应。

知识巩固

一、单选题

1. 人工智能在金融领域中提高风险管理的主要方法是（　　）。
   A. 人工经验分析　　　　　　　　　B. 深度学习算法的应用
   C. 增加风险投资　　　　　　　　　D. 减少数据存储

2. 人工智能能过（　　）帮助金融机构进行个性化产品推荐。
   A. 提供通用的理财产品
   B. 根据客户的资产规模和投资偏好自动推荐合适产品
   C. 只依据历史交易记录提供建议
   D. 完全依赖客户手动选择

3. 智能新零售的核心特点是（　　）。
   A. 完全基于线上销售　　　　　　　B. 深度融合线上线下及物流
   C. 仅依赖线下体验　　　　　　　　D. 取消电商平台

4. 智能新零售中的"人""货""场"通过（　　）进行整合优化。
   A. 人工统计　　　　　　　　　　　B. 人工智能、大数据、云计算
   C. 传统的管理软件　　　　　　　　D. 单一销售渠道

5. 智能客服的主要功能不包括（　　）。
   A. 自动解答常见问题　　　　　　　B. 辨别用户情绪波动
   C. 完全取代人工客服　　　　　　　D. 提供数据支持

6. 在智能新零售模式中，人工智能通过（　　）提升用户体验。

    A. 增加商品种类　　　　　　　　　　B. 数据化用户行为并优化购物流程

    C. 增加广告投放频率　　　　　　　　D. 提供统一的促销政策

7. 人工智能与区块链结合的作用是（　　）。

    A. 增加区块链交易成本　　　　　　　B. 提高交易数据的安全性和分析深度

    C. 简化金融交易流程　　　　　　　　D. 替代现有的金融系统

8. 智能新零售中视频用户行为分析的主要目的是（　　）。

    A. 增加购物数据的复杂性　　　　　　B. 优化用户画像，辅助管理决策

    C. 记录用户浏览时长　　　　　　　　D. 删除用户异常行为

9. 智能客服在退换货流程中的优势是（　　）。

    A. 提供固定退款方案　　　　　　　　B. 根据用户行为定制个性化解决方案

    C. 完全依赖人工介入　　　　　　　　D. 延长处理时间

10. 智能客服的核心技术是（　　）。

    A. 视频分析　　　　　　　　　　　　B. 自然语言处理和知识图谱

    C. 数据存储技术　　　　　　　　　　D. 用户行为调查

二、问答题

1. 简述人工智能在金融风险管理中的作用，并举例说明其实际应用场景。

2. 区块链技术与人工智能结合在金融领域有哪些实际应用？

3. 如何理解新零售中"线上、线下、物流"的融合模式？

4. 智能新零售模式如何通过数据化技术优化用户体验？

5. 智能客服如何通过自然语言处理技术实现高效服务？

第五部分

人工智能的未来

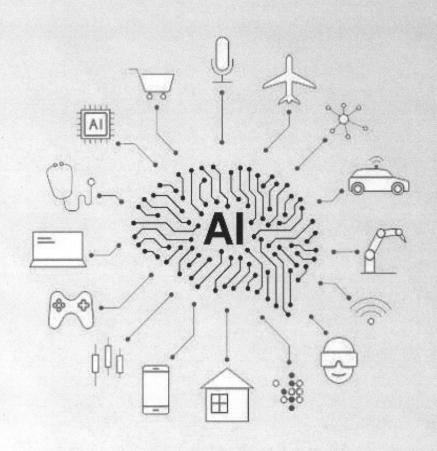

第十三章

人工智能在教育和科研中的革命性应用

随着人工智能技术的快速发展，AIGC应用的出现正在引发一场教育与科研领域的深刻变革。为应对这一趋势，联合国教科文组织于2023年发布了关于在教育和研究领域使用生成式人工智能的相关指南，强调人工智能技术应用必须坚持以人为本的原则。本章将系统探讨人工智能在教育和科研中的创新应用，分析其带来的机遇与挑战。

第一节　人工智能在教育科技中的应用与影响

一、教育科技的新发展

人工智能技术的进步推动教育科技进入新阶段。传统"一刀切"的教学模式难以满足个性化需求，而生成式人工智能能够根据学生的学习特征为其提供定制化内容。例如，智能教室通过情绪识别技术实时监测学生学习状态，动态调整教学策略；人工智能系统分析学生学习轨迹，预测其潜在困难，帮助教师优化教学设计。

二、个性化学习与智能教室

人工智能的核心优势之一在于其强大的个性化定制能力。在传统教学中，教师很难为每位学生提供个性化的学习指导。而通过人工智能技术，教师可以更便捷地为学生定制符合其兴趣与能力的学习内容。例如，在英语教学中，人工智能系统可以根据学生的兴趣，自动推荐相关的阅读材料，不仅符合教学目标，还能激发学生的学习兴趣。

智能教室是人工智能在教育科技中的另一大应用。智能教室配备了多种传感器与人工智能系统，可以实时监测教室内的温度、湿度、光照等环境因素，并自动调节至最适合学生学习的状态。同时，人工智能还可以帮助教师进行课堂管理，例如分析学生的面部表情，识别出需要额外帮助的学生，从而使教师对其提供更有针对性的指导。

三、人工智能驱动的教育决策

教育决策的有效性直接影响教学质量与学生发展。人工智能技术通过对海量教育数据的分析，能够提供更具科学性的决策支持。例如，学校管理者可以利用人工智能对学生的学习表现、教师的教学效果以及课程设置进行全面分析，从而调整或优化教育策略。此外，人工智能还可以预测教育趋势，帮助学校提前应对潜在的教育挑战，提升整体教育水平。

第二节　在线学习平台

一、在线学习平台的崛起

随着互联网的发展，在线学习平台成为教育领域的重要组成部分。人工智能技术的引入进一步推动了在线学习平台的发展，使其更加智能化与个性化。生成式人工智能能够自动生成各类学习资源，如小测验、学习指南和教科书等，极大地丰富了在线教育内容库。同时，人工智能还能够根据学生的学习进度与表现，自动调整学习路径，确保每位学生都能以最适合自己的方式进行学习。

二、智能辅导与即时反馈

人工智能技术为在线学习平台带来了强大的智能辅导功能。学生在学习过程中遇到问题时，人工智能可以随时提供帮助，无论是解答疑问还是提供学习建议。此外，生成式人工智能还能自动批改学生作业，并提供详细的反馈，帮助学生及时了解自己的学习状况，进一步改进学习方法。这种即时反馈机制极大地提高了学生学习效率。学生不再需要等待教师的批改反馈，而是可以立即了解自己在哪些方面需要改进，从而更有针对性地进行学习。同时，人工智能的辅助作用也减轻了教师的工作负担，使其能够将更多精力投入到教学设计与学生辅导中。

三、教育的普及与包容性

生成式人工智能的应用让在线教育变得更加普及与包容。通过人工智能驱动的教育工具，地理位置偏远、经济条件有限或身体有障碍的学生，也能获得优质的教育资源。这种教育的普及性为建设包容性的学习环境提供了机会，使得更多学生能够平等地享受教育的权利。此外，人工智能还能够通过语言生成技术，为多语言背景的学生提供适应性强的语言课程，减少交流障碍，推动全球教育资源的公平分配。

第三节　人工智能在科研中的应用

一、科研数据分析与自动化

科研领域的数据分析通常涉及大量复杂的数据集，而人工智能技术为这一过程带来了革命性的改变。通过机器学习和深度学习算法，人工智能可以快速处理和分析海量科研数据，识别出潜在的模式和趋势。这种高效的数据分析能力，不仅加速了科学发现的进程，还提高了科研结果的准确性和可靠性。此外，人工智能还可以自动生成科研报告，辅助科研人员进行文献综述、实验设计和结果分析。这种自动化的工作流程大大减少了科研人员的重复性劳动，使其能够专注于创新性研究。

二、人工智能驱动的科学模拟与实验

在科学研究中，许多实验无法在现实环境中进行，或需要耗费大量时间和资源。人工智能技术通过创建虚拟环境或模拟实验，为科研人员提供了一个低成本、高效率的研究平台。例如，人工智能可以模拟化学反应过程、预测分子结构，或创建虚拟生物实验室，帮助科研人员在虚拟环境中进行实验。这种人工智能驱动的科学模拟不仅提高了科研效率，还为解决现实世界中无法实现的研究问题提供了新思路。例如，在药物研发过程中，人工智能可以通过模拟不同分子的交互作用，快速筛选出潜在的药物候选分子，大大缩短新药研发周期。

三、科研创新与人工智能辅助

人工智能技术的进步正在推动科研领域的创新。例如，人工智能可以通过自然语言处理技术，分析大量科研文献，帮助科研人员发现新的研究方向。此外，人工智能还可以自动生成新的研究假设，并通过实验验证，从而推动科学创新。在跨学科研究中，人工智能的作用尤为显著。通过整合来自不同学科的数据，人工智能能够帮助科研人员发现不同领域之间的联系，产生全新的科学见解。这种跨学科的创新方式，将为未来的科学研究带来更多可能性。

知识巩固

一、单选题

1. 生成式人工智能在教育中的核心作用是（　　　）。
A. 提高学校招生率　　　　　　　　B. 个性化学习内容的生成
C. 替代教师教学　　　　　　　　　D. 减少教育经费

2. 以下（　　）是智能教室的特点。
    A. 提供固定的教学内容   B. 自动调节环境并监测学生状态
    C. 只能用于传统教学模式   D. 仅依赖教师管理课堂

3. 联合国教科文组织2023年发布的关于在教育与研究领域使用生成式人工智能的相关指南强调的重点是（　　）。
    A. 增加人工智能技术投资   B. 确保人工智能应用以人为本
    C. 降低人工智能在教育中的使用成本   D. 推广人工智能设备

4. 人工智能在在线学习平台上的作用不包括（　　）。
    A. 自动生成学习资源   B. 提供即时反馈
    C. 替代教师课堂教学   D. 自动调整学习路径

5. 生成式人工智能通过（　　）提高教育的包容性。
    A. 增加教师数量   B. 为偏远地区学生提供优质教育资源
    C. 强化传统教学方式   D. 仅服务城市学校

6. 人工智能在科研中的关键作用是（　　）。
    A. 降低科研难度   B. 加速数据分析和发现科学规律
    C. 减少科研经费   D. 提供虚拟实验资金

7. 科研领域中，人工智能驱动的科学模拟主要优势是（　　）。
    A. 增加科研人员数量   B. 降低实验成本并提高效率
    C. 替代传统实验设备   D. 延长科研周期

8. 人工智能在跨学科科研中的主要优势是（　　）。
    A. 统一学科研究方法   B. 整合不同学科数据，发现新联系
    C. 推动单一学科的研究深入   D. 减少跨学科合作

9. 在线学习平台中即时反馈的意义是（　　）。
    A. 减少教师工作量   B. 帮助学生及时了解学习问题
    C. 延迟学习评估   D. 增加课程复杂度

10. 人工智能驱动的教育决策支持的基础是（　　）。
    A. 教师的个人经验   B. 大量教育数据的分析
    C. 教育政策的修改   D. 学生家长的反馈

二、问答题

1. 简述人工智能在个性化教育中的应用，并举例说明其具体作用。
2. 智能教室如何通过人工智能技术优化课堂教学？请说明其功能和优势。
3. 人工智能在在线学习平台中如何实现学习路径的自动调整？请举例说明。
4. 结合实际，分析生成式人工智能在教育公平性方面的潜力与挑战。
5. 人工智能技术如何帮助科研人员进行跨学科研究？

第十四章

人工智能的快速发展与社会影响

　　人工智能正在以惊人的速度改变我们的世界。自从ChatGPT、DeepSeek等AIGC应用问世以来，人工智能已超越科技热潮的范畴，成为人类创新思维的重要驱动力。尽管当前的人工智能技术仍存在一定局限性，但随着技术的持续进步，人工智能正逐步演变为一种人人可用的工具，其普及趋势可类比智能手机的广泛应用。美国著名计算机科学家吴恩达强调，生成式人工智能不仅是强大的消费者工具，更是开发者不可或缺的助手，未来将在金融、物流、教育、医疗保健等诸多领域实现深度应用。

　　然而，人工智能的迅猛发展也伴随着诸多挑战与风险。从内容生成到写作、编程，生成式人工智能的多元应用场景既令人惊叹，也引发了关于技术透明度、版权归属、就业结构变迁及社会稳定等议题的广泛热议。本章将深入剖析人工智能技术的发展轨迹及其对社会各层面的深远影响，重点聚焦人工智能对就业市场的冲击，以及人类是否会被机器取代的普遍焦虑。

第一节　人工智能的革命性影响与挑战

一、人工智能的多元应用与发展潜力

　　生成式人工智能技术在近年来的发展与应用已渗透到各行各业。人工智能不仅能够自动生成文本、图像和音乐，还能辅助写作和编程。在美国，有科技公司员工利用ChatGPT为女儿创作了一本睡前故事书，并借助Midjourney完成插图设计，短短数日内便通过亚马逊线上书店成功发行。此类人工智能创作书籍目前在亚马逊平台上已达数百种，其中多部作品荣登畅销榜单。

在编程领域，人工智能的应用同样引人注目。根据GitHub在2023年发布的《开发者效率报告》，绝大多数的开发者表示会使用人工智能来辅助编写代码，大部分受访者认为人工智能显著提升了代码质量。人工智能工具不仅加速了编程进程，还大幅增强了开发者的工作成就感。凭借多元且强大的功能，生成式人工智能预计将在未来迅速渗透到日常生活的各个领域，为各行业带来生产效率的跃升与客户体验的革新。

二、人工智能带来的技术与社会挑战

尽管人工智能技术展现了巨大的应用潜力，但其快速发展也伴随着诸多挑战与风险。首先是技术层面的难题，如人工智能系统的透明度、预测准确性，以及数据训练过程中可能产生的偏见和歧视问题。这些问题不仅引发了对隐私和个人权益的忧虑，也触发了伦理和道德层面的争议。为降低此类风险，全球各界正积极推动"可解释的人工智能""负责任的人工智能""可信赖的人工智能"等理念的落地实施。

其次，生成式人工智能对版权和知识产权的影响也引发了法律领域的争议。例如，盖帝图像有限公司曾起诉Stability AI未经授权使用其数百万张图片进行人工智能模型训练，指控其侵犯版权并违反公平竞争原则。此外，从经济维度来看，人工智能的广泛应用可能对国家经济格局、产业竞争力、工作模式以及就业机会产生深刻影响。

在政治和社会层面，人工智能技术的滥用可能对国家安全和社会稳定构成威胁。虚假人工智能生成内容已开始在网络上泛滥，例如虚构的美国前总统被捕图片。若在关键政治节点出现类似虚假信息，其后果将不堪设想。因此，各国政府亟须加快制定相应监管措施，以有效应对人工智能技术带来的潜在风险。

第二节 人工智能对就业市场的影响

一、人工智能对就业市场的冲击与机遇

随着人工智能技术的快速发展，人工智能对就业市场的影响已成为广泛关注的议题。一些乐观的观点认为，人工智能将大幅提升生产力，并创造更多的就业机会。然而，其他观点则对人工智能可能带来的失业潮表示担忧，认为智能化将取代大量的传统岗位，尤其是在服务业和制造业领域。

根据世界经济论坛《2020年未来就业报告》，到2025年，人工智能虽可能导致全球约8000万个传统工作岗位被取代，但也将创造约9000万个新就业岗位。这些新职位主要集中在大数据、机器学习、信息安全和数字营销等领域。因此，人工智能带来的就业冲击与机会并存，关键在于社会如何应对这种转型。

二、技术替代效应、生产力效应与复原效应

在讨论人工智能对就业的影响时，学者们通常会提到技术替代效应、生产力效应和复原效应。技术替代效应是指人工智能技术的引入可能取代现有的人工劳动，导致劳动力需求下降。生产力效应则指人工智能技术提高了企业的生产效率，可能促使企业扩展规模，从而增加对劳动力的需求。复原效应则认为人工智能技术可能创造新的工作岗位，尤其是在需要人类特长的领域，从而增加就业机会。然而，人工智能技术对不同技能水平的工人影响不同，高技能工人可能受益更多，而低技能工人则可能面临更大的挑战。

三、人工智能时代的人才需求

随着人工智能技术的迅猛发展，它已经从最初的概念阶段逐步渗透到工业和社会生活的各个角落，成为推动社会进步的主要动力之一。在这场技术革命中，社会对于人才的需求也发生了深刻变化。如今，社会迫切需要具备创新能力、技术素养和持续学习能力的人才，以应对人工智能带来的变革和挑战。

1. 社会进步与传统劳动的变革

人工智能的发展正深刻改变着传统的劳动形式。在德国产业转型的背景下，德国政府提出了工业4.0概念，这是智能化应用的集中体现。工业4.0是德国"2020高技术战略"中的十大未来项目之一，旨在通过智能化提升制造业水平，打造具有适应性、资源效率的智能工厂。该项目得到德国联邦教育及研究部和联邦经济技术部的联合资助，投资预计达上亿欧元，目标是通过垂直和水平集成实现制造业全价值链的智能化转型。

现代社会发展迅速，物联网和智能化应用场景已无处不在，覆盖了商场、学校、地铁和商业街等各个领域。机器人作为人工智能领域的杰出代表，正广泛应用于安保、银行客服、舞蹈表演、家庭护理、仓储管理等领域。这些应用场景虽然为社会带来了极大的便利，但也引发了人们对就业问题的担忧。随着人工智能的广泛应用，许多传统的岗位正在被机器所取代，这使得工人们面临着前所未有的挑战。

在人工智能时代，终身学习已成为保持竞争力的关键。专家普遍认为，人工智能的应用将不可避免地影响就业市场。一方面，人工智能会创造出新的职业和岗位；另一方面，它也会取代部分现有的职业。因此，在未来，劳动力市场将迎来重要的结构性调整。

随着人工智能的普及，以下职业最有可能被替代：速记员、翻译、记分员、接线员、客服、司机、电话销售员、搬运工、瓦匠、园丁、清洁工和证券交易员。

在人工智能时代，社会对人才的需求呈现出明显的结构性变化。根据艾媒咨询的调查数据，新兴创业公司中，计算机视觉领域的公司占比最高；其次是服务机器人领域；排名第三的是语音及自然语言处理领域。此外，智慧医疗、无人驾驶和机器学习等领域也备受关注。

计算机视觉技术作为人工智能的重要核心技术之一，广泛应用于安防、金融、硬件、营销、驾驶和医疗等多个领域。我国在计算机视觉技术方面已处于全球领先地位，广泛的商业化渠道和坚实的技术基础使其成为最热门的领域。未来，随着人工智

能的深入发展，社会对具备这些技术能力的人才需求将持续增长。

2. 新创造的核心工作岗位

近年来，随着人工智能的迅速发展，新创造的核心工作岗位不断涌现。在这些与人工智能相关的工作中，人工智能软件工程师最为常见。此外，一些技术门槛较低、与人工智能关系并不直接的岗位也在不断涌现。例如，聊天机器人撰稿人专门编写用于机器人和其他对话界面的脚本；随着智能音箱和虚拟助手市场的兴起，对新型用户体验设计师的需求也在增加；同时，研究知识产权保护的律师、报道人工智能的记者等岗位的需求也在持续增长。

知名信息技术公司高知特组织了一项调查，并据此编制了一份关于人工智能相关工作的未来愿景报告。报告基于当前可观察到的主要宏观经济、政治、人口、社会、文化、商业和技术趋势，提出了将在未来出现并将成为未来工作基石的新职业，如数据侦探、人工智能业务开发经理、边缘计算经理等。未来的工作岗位将发生巨大变化，但人类劳动不会被完全取代。

第三节　人工智能的伦理问题

在当今数字化时代，人工智能的飞速发展为人类社会带来了前所未有的机遇和挑战。其广泛应用不仅在经济、医疗、教育等领域创造了巨大价值，同时也引发了关于伦理和道德的深刻讨论。随着人工智能在各个领域的深入应用，如何在追求技术进步与经济利益的同时，保障社会公正、保护个人隐私以及防范技术滥用，成了一个亟待解决的问题。

本节将深入探讨人工智能发展中的伦理问题，从人工智能的道德约束与社会影响、人工智能发展与隐私保护、人工智能的发展方向与社会责任展开了解，为推动人工智能的可持续发展提供思考和建议。

一、人工智能的道德约束与社会影响

1. 人工智能的道德约束

随着人工智能在各个领域的广泛应用，其决策自主性和执行力不断提高。然而，它在决策过程中是否遵循道德原则，是否会影响人类的价值观和社会公正，成为社会关注的焦点。人工智能在自动化决策中的应用，例如在司法、招聘和金融等领域，可能会因算法的偏见而导致不公平的结果。这些技术在设计时需要严格遵守道德标准，以确保决策过程透明、公正，并防止对弱势群体的不公平对待。

人工智能的道德问题还包括对人类参与权的剥夺。例如，在自动化程度极高的系统中，是否应该保留人类的参与权，以确保最终决策的伦理合理性。我们需要在技术进步与人类价值之间找到平衡，确保人工智能不仅能推动经济发展，还能维护社会的道德和良心。

2. 人工智能对社会的深远影响

人工智能的发展带来了许多社会变革，同时也引发了许多潜在的风险。随着人工智能逐渐在各个行业中取代人类劳动，社会结构和就业模式正在发生变化。大量传统工作岗位可能因自动化而消失，这给社会带来了巨大的挑战，尤其是在技能转换和社会保障方面。

此外，人工智能在隐私保护方面的挑战不容忽视。随着智能设备的普及，它能够收集、分析大量用户数据，这些数据的滥用可能导致隐私泄露、身份盗窃等问题。建立强有力的数据保护法规，确保个人数据的安全和保密，已成为社会各界的共识。

3. 人工智能对经济的影响与社会分配

人工智能在提升生产力和促进经济增长方面具有巨大潜力。然而，这种技术进步可能会加剧社会的不平等，尤其是在财富分配和机会平等方面。人工智能的掌握与应用集中在少数技术公司和高技能人才手中，可能导致贫富差距进一步扩大。因此，政府和社会需要制定合理的政策，确保人工智能的成果能够惠及全社会，推动社会的共同进步。

二、人工智能的发展与隐私保护

1. 人工智能对隐私的挑战与应对策略

随着人工智能的发展，隐私保护问题日益突出。人工智能在运作过程中需要大量的数据来进行训练和优化，而这些数据往往包含个人隐私信息。如果数据处理不当，可能会导致隐私泄露、身份盗窃等严重后果。

要应对这些挑战，政府和社会必须建立完善的隐私保护机制，包括数据加密、匿名化处理和数据最小化原则等。此外，政府应出台严格的数据保护法规，确保企业和机构在使用人工智能时，能够遵循相关法律，保护用户的隐私权。

2. 数据伦理与人工智能的透明度

人工智能在数据处理中的透明度问题也是伦理讨论的焦点之一。人工智能在进行决策时，往往依赖于复杂的算法，这些算法的操作原理对于普通用户来说是不可理解的。这种"黑箱"操作不仅影响了用户对人工智能的信任，还可能在无意中引发数据歧视和偏见。

为解决这一问题，人工智能开发者需要提高系统的透明度，使用户能够理解人工智能的决策过程。此外，企业应确保它的公平性，避免因算法偏见而导致的社会不公。

3. 人工智能的合法性与伦理监督

确保人工智能的合法性和伦理性，社会需要建立一套完整的监管机制。这包括对人工智能系统的开发、应用和维护进行全方位的监督，同时出台官方的伦理指南和法规，指导人工智能健康发展。通过法律和伦理的双重约束，尽量确保人工智能在给社会带来便利的同时，不会侵犯个人权利或损害社会公平。

三、人工智能的发展方向与社会责任

1. 人工智能的未来发展趋势与伦理挑战

随着人工智能的不断进步，其应用领域将越来越广泛，会涉及更多的社会层面。未来，人工智能可能会在医疗、教育、金融等领域实现更加智能化的应用。然而，这也意味着更多的伦理问题和挑战将随之而来。人工智能的发展必须与社会伦理同步，确保技术进步不会以牺牲社会伦理和道德为代价。

2. 人工智能的发展方向与社会责任

企业在开发和应用人工智能时，必须承担相应的社会责任。除了追求经济利益，企业还应考虑技术对社会的影响，并采取措施减少可能的负面效应。这包括为员工提供再培训机会，帮助他们适应新的工作环境；还包括确保人工智能的应用不会导致社会分裂或不公平现象的加剧。

3. 推动人工智能的可持续发展

加速推动人工智能的可持续发展，社会各界需要共同努力。政府应制定相关政策，鼓励负责任的人工智能开发与应用；企业应遵循伦理准则，确保技术的应用对社会有利；教育机构应加强人工智能伦理教育，提高公众对人工智能的认识和理解。只有通过全社会的共同努力，人工智能才能成为推动社会进步的重要力量。

第四节　人工智能的法律与监管

一、人工智能的法律问题

随着人工智能的发展，版权、隐私和道德问题将成为社会关注的焦点。未来，我们将看到更多关于如何合理使用人工智能保护知识产权和个人隐私的讨论和法律调整。

1.版权问题的复杂性

人工智能，特别是生成式人工智能，在训练过程中经常使用互联网上的大量数据，包括受版权保护的内容。这引发了一个问题：人工智能创造的内容是否构成对原始作品的侵权。这不仅涉及人工智能开发者和使用者，还涉及原始内容创作者的合法权益。

2.隐私保护的挑战

人工智能在处理个人数据时，尤其是在人脸识别、行为预测等领域，可能会不自觉地侵犯个人隐私。这要求立法者和技术开发者共同努力，确保在创新和隐私保护之间找到平衡点。

3.道德伦理的界定

随着人工智能的发展，它在决策过程中的公正性和道德性将成为热门话题。例如，人工智能在医疗诊断、金融服务等领域的应用，其决策过程是否具有偏见，是否符合社会道德标准，这些都是需要严肃对待的问题。

4.法律调整的必要性

现有的法律体系可能无法完全适应人工智能时代的新挑战。因此，未来几年将是法律制度调整和更新的重要时期，旨在更好地应对人工智能带来的新问题，如知识产权、数据安全等。

二、深度伪造技术带来的挑战

随着深度伪造技术的快速发展，其对政治和社会领域产生的影响逐渐成为不容忽视的问题。当今，识别和防范深度伪造内容将成为一个迫切而重要的议题。

1.政治领域的影响

在政治领域，深度伪造技术可能被用于制作虚假信息，对公共政策的讨论产生影响。这种虚假内容的真实性难以辨识，可能导致公众对事实的误解和混淆，进而影响政治决策和公众信任。

2.社会信任的侵蚀

深度伪造技术的滥用不仅限于政治领域，还包括社会生活的各个方面，如媒体、娱乐和日常沟通中，虚假影像和音频的出现可能侵蚀人们之间的信任，破坏社会结构和伦理基础。

3.识别技术的发展

面对深度伪造技术的挑战，开发和完善能够识别深度伪造内容的技术变得至关重要。这需要科技行业投入大量资源进行研发，并与政府机构合作，以建立有效的识别和防范机制。

三、人工智能的监管

我国涉及人工智能监管的国家互联网信息办公室等七个监管部门于2023年7月联合发布了《生成式人工智能服务管理暂行办法》，已于2023年8月15日起施行。这是我国大陆乃至全球首部针对生成式人工智能的法规。

延伸学习

生成式人工智能服务管理暂行办法

第一章　总　则

第一条　为了促进生成式人工智能健康发展和规范应用，维护国家安全和社会公共利益，保护公民、法人和其他组织的合法权益，根据《中华人民共和国网络安全法》《中华人民共和国数据安全法》《中华人民共和国个人信息保护法》《中华人民共和国科学技术进步法》等法律、行政法规，制定本办法。

第二条　利用生成式人工智能技术向中华人民共和国境内公众提供生成文本、图片、音频、视频等内容的服务（以下称生成式人工智能服务），适用本办法。

国家对利用生成式人工智能服务从事新闻出版、影视制作、文艺创作等活动另有规定的，从其规定。

行业组织、企业、教育和科研机构、公共文化机构、有关专业机构等研发、应用生成式人工智能技术，未向境内公众提供生成式人工智能服务的，不适用本办法的规定。

第三条　国家坚持发展和安全并重、促进创新和依法治理相结合的原则，采取有效措施鼓励生成式人工智能创新发展，对生成式人工智能服务实行包容审慎和分类分级监管。

第四条　提供和使用生成式人工智能服务，应当遵守法律、行政法规，尊重社会公德和伦理道德，遵守以下规定：

（一）坚持社会主义核心价值观，不得生成煽动颠覆国家政权、推翻社会主义制度，危害国家安全和利益、损害国家形象，煽动分裂国家、破坏国家统一和社会稳定，宣扬恐怖主义、极端主义，宣扬民族仇恨、民族歧视，暴力、淫秽色情，以及虚假有害信息等法律、行政法规禁止的内容；

（二）在算法设计、训练数据选择、模型生成和优化、提供服务等过程中，采取有效措施防止产生民族、信仰、国别、地域、性别、年龄、职业、健康等歧视；

（三）尊重知识产权、商业道德，保守商业秘密，不得利用算法、数据、平台等优势，实施垄断和不正当竞争行为；

（四）尊重他人合法权益，不得危害他人身心健康，不得侵害他人肖像权、名誉权、荣誉权、隐私权和个人信息权益；

（五）基于服务类型特点，采取有效措施，提升生成式人工智能服务的透明度，提高生成内容的准确性和可靠性。

第二章　技术发展与治理

第五条　鼓励生成式人工智能技术在各行业、各领域的创新应用，生成积极健康、向上向善的优质内容，探索优化应用场景，构建应用生态体系。

支持行业组织、企业、教育和科研机构、公共文化机构、有关专业机构等在生成式人工智能技术创新、数据资源建设、转化应用、风险防范等方面开展协作。

第六条　鼓励生成式人工智能算法、框架、芯片及配套软件平台等基础技术的自主创新，平等互利开展国际交流与合作，参与生成式人工智能相关国际规则制定。

推动生成式人工智能基础设施和公共训练数据资源平台建设。促进算力资源协同共享，提升算力资源利用效能。推动公共数据分类分级有序开放，扩展高质量的公共训练数据资源。鼓励采用安全可信的芯片、软件、工具、算力和数据资源。

第七条　生成式人工智能服务提供者（以下称提供者）应当依法开展预训练、优化训练等训练数据处理活动，遵守以下规定：

（一）使用具有合法来源的数据和基础模型；

（二）涉及知识产权的，不得侵害他人依法享有的知识产权；

（三）涉及个人信息的，应当取得个人同意或者符合法律、行政法规规定的其他情形；

（四）采取有效措施提高训练数据质量，增强训练数据的真实性、准确性、客观性、多样性；

（五）《中华人民共和国网络安全法》《中华人民共和国数据安全法》《中华人民共和国个人信息保护法》等法律、行政法规的其他有关规定和有关主管部门的相关监管要求。

第八条　在生成式人工智能技术研发过程中进行数据标注的，提供者应当制定符合本办法要求的清晰、具体、可操作的标注规则；开展数据标注质量评估，抽样核验标注内容的准确性；对标注人员进行必要培训，提升尊法守法意识，监督指导标注人员规范开展标注工作。

第三章　服务规范

第九条　提供者应当依法承担网络信息内容生产者责任，履行网络信息安全义务。涉及个人信息的，依法承担个人信息处理者责任，履行个人信息保护义务。

提供者应当与注册其服务的生成式人工智能服务使用者（以下称使用者）签订服务协议，明确双方权利义务。

第十条　提供者应当明确并公开其服务的适用人群、场合、用途，指导使用者科学理性认识和依法使用生成式人工智能技术，采取有效措施防范未成年人用户过度依赖或者沉迷生成式人工智能服务。

第十一条　提供者对使用者的输入信息和使用记录应当依法履行保护义务，不得收集非必要个人信息，不得非法留存能够识别使用者身份的输入信息和使用记录，不得非法向他人提供使用者的输入信息和使用记录。

提供者应当依法及时受理和处理个人关于查阅、复制、更正、补充、删除其个人信息等的请求。

第十二条　提供者应当按照《互联网信息服务深度合成管理规定》对图片、视频等生成内容进行标识。

第十三条 提供者应当在其服务过程中，提供安全、稳定、持续的服务，保障用户正常使用。

第十四条 提供者发现违法内容的，应当及时采取停止生成、停止传输、消除等处置措施，采取模型优化训练等措施进行整改，并向有关主管部门报告。

提供者发现使用者利用生成式人工智能服务从事违法活动的，应当依法依约采取警示、限制功能、暂停或者终止向其提供服务等处置措施，保存有关记录，并向有关主管部门报告。

第十五条 提供者应当建立健全投诉、举报机制，设置便捷的投诉、举报入口，公布处理流程和反馈时限，及时受理、处理公众投诉举报并反馈处理结果。

第四章 监督检查和法律责任

第十六条 网信、发展改革、教育、科技、工业和信息化、公安、广播电视、新闻出版等部门，依据各自职责依法加强对生成式人工智能服务的管理。

国家有关主管部门针对生成式人工智能技术特点及其在有关行业和领域的服务应用，完善与创新发展相适应的科学监管方式，制定相应的分类分级监管规则或者指引。

第十七条 提供具有舆论属性或者社会动员能力的生成式人工智能服务的，应当按照国家有关规定开展安全评估，并按照《互联网信息服务算法推荐管理规定》履行算法备案和变更、注销备案手续。

第十八条 使用者发现生成式人工智能服务不符合法律、行政法规和本办法规定的，有权向有关主管部门投诉、举报。

第十九条 有关主管部门依据职责对生成式人工智能服务开展监督检查，提供者应当依法予以配合，按要求对训练数据来源、规模、类型、标注规则、算法机制机理等予以说明，并提供必要的技术、数据等支持和协助。

参与生成式人工智能服务安全评估和监督检查的相关机构和人员对在履行职责中知悉的国家秘密、商业秘密、个人隐私和个人信息应当依法予以保密，不得泄露或者非法向他人提供。

第二十条 对来源于中华人民共和国境外向境内提供生成式人工智能服务不符合法律、行政法规和本办法规定的，国家网信部门应当通知有关机构采取技术措施和其他必要措施予以处置。

第二十一条 提供者违反本办法规定的，由有关主管部门依照《中华人民共和国网络安全法》《中华人民共和国数据安全法》《中华人民共和国个人信息保护法》《中华人民共和国科学技术进步法》等法律、行政法规的规定予以处罚；法律、行政法规没有规定的，由有关主管部门依据职责予以警告、通报批评，责令限期改正；拒不改正或者情节严重的，责令暂停提供相关服务。

构成违反治安管理行为的，依法给予治安管理处罚；构成犯罪的，依法追究刑事责任。

第五章 附 则

第二十二条 本办法下列用语的含义是：

（一）生成式人工智能技术，是指具有文本、图片、音频、视频等内容生成能力的模型及相关技术。

（二）生成式人工智能服务提供者，是指利用生成式人工智能技术提供生成式人工智能服务（包括通过提供可编程接口等方式提供生成式人工智能服务）的组织、个人。

（三）生成式人工智能服务使用者，是指使用生成式人工智能服务生成内容的组织、个人。

第二十三条　法律、行政法规规定提供生成式人工智能服务应当取得相关行政许可的，提供者应当依法取得许可。

外商投资生成式人工智能服务，应当符合外商投资相关法律、行政法规的规定。

第二十四条　本办法自2023年8月15日起施行。

知识巩固

一、单选题

1. 生成式人工智能的核心功能不包括（　　）。
   A. 自动生成文本、图片　　　　　　　　B. 帮助编写代码
   C. 进行外科手术　　　　　　　　　　　D. 优化物流管理

2. 人工智能对就业市场的影响主要表现为（　　）。
   A. 完全取代人类工作　　　　　　　　　B. 创造新岗位并带来失业风险
   C. 降低就业市场需求　　　　　　　　　D. 增加传统岗位数量

3. 人工智能的技术替代效应指的是（　　）。
   A. 人工智能促进劳动力增长　　　　　　B. 人工智能取代传统人工劳动
   C. 人工智能提高生产效率但不影响就业　D. 人工智能减少新技术研发

4. 人工智能在隐私保护中面临的主要挑战是（　　）。
   A. 数据处理速度过慢　　　　　　　　　B. 难以避免隐私泄露和身份盗窃
   C. 计算能力不足　　　　　　　　　　　D. 数据存储成本增加

5. 深度伪造技术的主要风险是（　　）。
   A. 提高视频制作质量　　　　　　　　　B. 损害社会信任并传播虚假信息
   C. 用于娱乐领域提升特效　　　　　　　D. 增强商业广告吸引力

6. 人工智能对社会公平性的潜在威胁主要来自（　　）。
   A. 算法偏见和数据歧视　　　　　　　　B. 技术开发成本过高
   C. 缺乏国际合作　　　　　　　　　　　D. 政策制定滞后

7. 《生成式人工智能服务管理暂行办法》于（　　）起施行。
   A. 2023年6月1日　　　　　　　　　　B. 2023年8月15日
   C. 2023年7月10日　　　　　　　　　　D. 2023年12月1日

8. 人工智能在道德伦理方面的争议主要集中在（　　）。
   A. 算法的复杂性　　　　　　　　　　　B. 决策过程中的透明度和公平性
   C. 数据存储的方式　　　　　　　　　　D. 技术更新的频率

9. 人工智能发展的未来趋势不包括（　　）。

　　A. 提升医疗、教育等领域的智能化水平

　　B. 加剧财富分配不均

　　C. 提高劳动效率和生活质量

　　D. 减少社会公平性讨论

10. 人工智能在生成内容时的法律风险主要是（　　）。

　　A. 数据存储　　　　　　　　　B. 涉及版权和知识产权纠纷

　　C. 降低生成效率　　　　　　　D. 改善内容质量

二、问答题

1. 简述生成式人工智能的主要应用场景，并分析其对社会发展的积极影响。

2. 人工智能如何平衡技术替代效应与复原效应，为就业市场带来新机遇？

3. 深度伪造技术可能对社会造成哪些危害？如何有效应对这些风险？

4. 人工智能在隐私保护方面存在哪些挑战？请提出改进建议。

5. 结合《生成式人工智能服务管理暂行办法》，分析国家对生成式人工智能法律监管的要点。

第十五章
人工智能的未来趋势

在当今的数字时代，人工智能的快速发展已经深刻影响了我们的生活，并将在未来继续改变全球的经济和社会。早期的人工智能应用，如手写识别技术，曾被邮政服务用来读取信封上的地址。如今，随着人工智能的进步，我们已经走得更远。人工智能的最新发展让我们仿佛置身于科幻小说或未来世界电影的场景中，而这一切正在我们的眼前发生。有人将人工智能视为第四次工业革命的核心驱动力，尽管未来尚不可完全预见，但基于当前的科学研究、行业动态以及投资趋势，我们可以探讨一些关键的人工智能发展趋势。

第一节　人工智能的未来发展趋势

随着人工智能的飞速发展，未来几年内，它将在各个领域产生深远影响。本节将探讨人工智能未来四大发展趋势，这些趋势不仅代表了技术的前沿发展方向，也将深刻改变社会、经济和科技的格局。

一、从人工智能大模型迈向通用人工智能

近年来，随着ChatGPT的成功，人工智能大模型成为全球瞩目的焦点。据推测，OpenAI正在研发的新一代人工智能，暂名"Q*"，有望推动人工智能从大模型迈向通用人工智能。据报道，"Q*"可能是第一次采用"从零开始"方法训练的人工智能，不依赖于人类活动数据，并且具备自我修改代码的能力。这一特性可能使其更接近"奇点"，即人工智能拥有自我迭代的能力，能够在短时间内迅猛发展，甚至超越人类智慧。

尽管"Q*"目前的能力可能还仅限于解决简单的数学问题，但考虑到虚拟环境中人工智能的快速迭代速度，未来出现超越人类水平的通用人工智能并非不可能。一旦实现，通用人工智能将能够应对各种复杂的科学难题，如外星生命探索、人工核聚变控制、抗癌药物研发等。然而，随着通用人工智能的发展，如何确保这些超越人类智能的系统不对人类构成威胁，将成为一个亟待解决的问题。

虽然实现通用人工智能的前景令人兴奋，但也需要谨慎看待。历史上，人工智能曾经历过三次"寒冬"，宏大的技术愿景多次因种种限制化为泡影。然而，目前大模型技术仍有巨大的上升空间，除了OpenAI公司的GPT外，谷歌的Gemini、Anthropic的Claude，以及我国百度的文心一言和阿里巴巴通义千问等相关大模型也在不断突破技术边界，推动人工智能在多领域的应用深化。

值得一提的是，DeepSeek作为人工智能领域的新兴力量，其在大模型技术研究和产品开发上也取得了显著进展。DeepSeek致力于通过先进的算法和强大的计算能力，探索人工智能的更多可能性，为用户提供更加智能、高效的服务。未来，随着技术的不断进步和市场的持续拓展，DeepSeek等更多创新型企业将共同推动人工智能行业迈向新的高度，我们也有理由期待更具革命性的产品问世，为人类社会带来深远变革。

二、合成数据——打破人工智能训练数据瓶颈

在人工智能训练中，数据的质量和数量一直是其发展的瓶颈。合成数据有望打破这一瓶颈，成为人工智能未来发展的关键。

合成数据是基于真实数据，通过深度学习模型利用数学和统计原理生成的数据。与传统数据不同，合成数据可以绕过实际数据的隐私和版权问题，从而避免法律纠纷。近年来，随着各国对数据隐私和安全保护的日益严格，合成数据的重要性愈发凸显。

使用合成数据不仅可以满足人工智能对大量高质量数据的需求，还能减少人工智能接触有害内容的风险，避免其在训练中学到不良行为。此外，合成数据的普及可能使人类社会产生的大数据不再是人工智能训练的唯一依赖，这将为人工智能的发展提供更广阔的空间和可能性。然而，如何确保合成数据的质量，以及如何在合成数据中融入符合本国文化与价值观的元素，将是未来面临的挑战。

三、量子计算机——人工智能的强大后盾

随着人工智能的发展，算力的需求日益增长，而量子计算机有望成为解决这一问题的利器。量子计算机可以进行高效的并行计算，尤其适用于复杂的人工智能算法，例如在围棋比赛中，人工智能需要同时考虑多种可能的应对策略，这对并行计算提出了极高要求。

虽然目前的量子计算机仍然处于早期阶段，体积庞大且维护困难，但其在某些计算任务上已经展示出相对于普通计算机的量子优越性。未来，随着量子位数量的增加，量子计算机有望在更多应用场景中实现突破，尤其是在人工智能训练中的应用将可能大幅提升其性能。

量子计算机的发展不仅在学术界引起广泛关注，科技巨头如谷歌、IBM等也在积极推进相关研究。例如，IBM推出的"量子系统二号"量子计算机，标志着量子计算机在实用性和模块化方面的重大进步。

四、人工智能代理和无代码软件开发

人工智能代理和无代码软件开发是未来值得关注的两个重要趋势。人工智能代理的出现，使得人工智能在劳动市场中产生了深远影响。它可以根据模糊的需求自动生成内容、完成任务，甚至在不需要人工干预的情况下执行复杂工作。这种能力大幅提升了工作效率，但同时也对传统劳动结构带来了冲击，迫使部分劳动者重新适应新兴的劳动市场。无代码软件开发则降低了开发的门槛，使得非专业人员也能够通过人工智能工具生成代码，实现数字服务的创新。这为数字经济的创新提供了新的动力，也推动了"人人皆可创新"时代的到来。

人工智能的未来充满了机遇与挑战。这四大趋势不仅预示着技术的进步，也将带来社会结构的深刻变革。通过积极应对这些变化，社会将能够更好地把握人工智能带来的红利，防范潜在的风险。

第二节　人工智能与机器人

在过去的十年里，人工智能与机器人技术已经深刻改变了我们的生活和工作方式。随着技术的不断进步，人工智能不仅在数据分析和预测方面发挥着关键作用，还推动了机器人技术的创新应用。如今，机器人已经被广泛应用于制造、医疗、物流等领域，成为这些行业的重要支柱。随着这一趋势的加速，未来的机器人将变得更加智能和自主，进一步改变我们的世界。

一、人工智能与机器人的四大趋势

随着技术的快速发展，人工智能与机器人技术在未来将改变各行各业。未来，预计会出现以下四大趋势，这些趋势将为各行业带来全面的变革。

1. 自主移动机器人

自主移动机器人在物流和制造业中的应用将逐渐普及。与传统自动导引车相比，自主移动机器人具有更高的灵活性和环境适应能力。这些机器人能够自主导航、避障，并在动态环境中实时调整，这使得它们成为现代仓储和制造系统中不可或缺的一部分。

2. 智能机器人

随着人工智能和机器学习技术的不断进步，机器人将变得更加智能。这些智能机器人不仅可以在制造业中发挥作用，还将在医疗、农业等领域展现出卓越的功能。例如，智能机器人可以帮助医生完成高精度的手术，或在农业中实现精准的播种和收割，从而提高生产效率和质量。

3. 机器人即服务

机器人即服务是一种新兴的业务模式，通过这种模式，企业可以按需租赁机器人设备，用户无须进行昂贵的购买。这一模式能够有效降低企业的自动化成本，促进更多中小企业采用机器人技术。随着机器人即服务的普及，机器人技术将变得更加普遍和易于获得，从而推动各行各业的数字化转型。

4. 人形机器人

人形机器人的发展速度迅猛，这些机器人不仅在客户服务和教育领域展现出潜力，未来还将能够更加自然地与人类互动。随着自然语言处理和深度学习技术的进步，人形机器人将具备更高的情感识别和沟通能力，能够更好地适应各种社交场景，为用户提供更加个性化和人性化的服务。

二、人工智能与机器人的两大预测

未来几年内，人工智能与机器人技术将在各行业中产生深远影响，主要体现在以下两个方面，这些发展方向将彻底改变我们的工作方式和生活习惯。

1. 人工智能在机器人中的广泛应用

随着人工智能的进一步普及，机器人将在各行业的业务流程中扮演更加重要的角色。它将使机器人能够在多种任务中表现出色，从而彻底改变传统的工作方式和组织结构。这一趋势将推动自动化技术的广泛应用，使得企业在提高生产效率的同时，能够更加灵活地应对市场变化。

2. 人机互动的增强

随着自然语言处理和深度学习技术的不断进步，人机互动将变得更加自然和流畅。这一趋势在客户服务和医疗领域尤其显著。人工智能的进步将使得机器人能够更好地理解和响应人类的需求，从而提供更高水平的服务和支持。

三、人工智能与机器人带来的挑战

尽管人工智能与机器人技术的普及带来了诸多便利，但也伴随着一系列挑战。首先，自动化技术的广泛应用可能导致部分职位的消失，这对社会的就业结构提出了新的挑战。此外，随着技术的不断进步，数据安全和隐私问题变得更加突出。企业和个人必须采取有效的保护措施，来保障数据的安全性。为了确保这些技术能够负责任地使用，制定相关的政策和指导原则显得尤为重要。

四、迎接人工智能与机器人的未来

随着人工智能与机器人技术的不断发展，各行业将面临深远的影响。从自主移动机器人到智能机器人，这些创新将持续改变我们的生活和工作模式。为了确保这些技术能够对社会产生积极的影响，我们必须面对并解决随之而来的挑战。通过制定合适的政策、加强技术研发以及保障数据的安全与隐私，我们将能够更好地应对这些挑战，迎接人工智能光明的未来。

第三节　人工智能对人类生活的改变

人工智能已经成为当今科技领域的热点话题，其技术的迅速发展正在深刻地影响和改变我们的生活方式和工作方式。从智能助手到自动驾驶汽车，从医疗诊断到个性化教育，它正在各个领域中得到广泛应用，并展示出强大的潜力和无限的可能。本节将介绍人工智能影响我们生活的10个方面，探讨它如何从各个方面改变我们的生活。

一、智能助手

智能助手是人工智能在我们日常生活中最常见的应用之一。苹果的Siri、亚马逊的Alexa和谷歌助手等都是智能助手的代表，它们能够根据用户的语音指令提供信息、执行任务以及控制智能家居设备，为我们的生活带来了极大的便利。随着语音识别和自然语言处理技术的进步，智能助手的功能越来越强大，不仅能够理解复杂的语音指令，还能通过深度学习技术不断自我提升，提供更精确和个性化的服务。这些助手已经成为我们日常生活中不可或缺的一部分。

二、自动驾驶汽车

自动驾驶汽车是人工智能在交通领域的重要应用，它利用人工智能技术进行环境感知、路径规划和决策控制，使车辆能够自主驾驶，避免交通事故，并提高交通效率。自动驾驶技术的发展不仅仅是汽车技术的变革，更可能彻底改变我们的出行方式和城市交通结构。随着人工智能算法和传感技术的不断完善，自动驾驶汽车将能够处理更多复杂的交通场景，实现更高水平的自动驾驶，并可能在未来成为我们日常出行的主要工具。

三、智能家居

智能家居是人工智能在家居领域的应用，它使得我们的生活变得更加智能化和便捷。智能家居系统可以通过人工智能技术实现对灯光、安防等设备的智能控制。用户可以通过手机应用或语音助手远程操控家居设备。这些设备能够学习和适应用户的习

惯，提供个性化的服务，从而提升我们的生活质量。同时，智能家居还能够实现能源管理，通过智能调控设备的运行时间和模式，达到节能减排的目的。

四、医疗诊断

人工智能在医疗领域的应用极大地提高了诊断的准确性和效率。通过人工智能算法对医学影像进行分析，可以辅助医生更快、更准确地检测病变，并提供诊断建议。此外，人工智能还能够分析大量的患者数据，预测病情发展，帮助医生制定更有效的治疗方案。这些应用不仅提升了医疗服务的水平，还使得个性化医疗成为可能。随着人工智能的进一步发展，未来我们可以期待更加智能和精准的医疗服务。

五、教育与学习

人工智能正在改变我们的教育模式和学习方式。智能教育平台能够利用人工智能为学生提供个性化的学习建议和内容，根据学生的学习数据和行为模式来定制教学计划。这些平台可以帮助学生找到学习中的薄弱环节，并提供针对性的辅导和支持。同时，它还可以帮助教师自动生成教学资源，进行作业批改和测评，从而提升教师的教学效率。未来，人工智能可能会进一步推动教育资源的普及化，使更多的人能够享受高质量的教育服务。

六、金融服务

人工智能在金融服务领域的应用同样引人注目。智能投资平台利用人工智能分析市场数据和投资者的需求，提供个性化的投资建议，帮助投资者做出更明智的决策。它还在风险管理和诈骗检测中发挥着重要作用，通过分析交易模式和用户行为，及时发现并防范潜在的风险。此外，它也可以优化客户服务流程，提高客户满意度。这些应用使得金融服务变得更加智能和高效。

七、零售业

人工智能在零售业的应用正在重新定义我们的购物体验。通过智能推荐系统，零售商可以根据消费者的购买行为和偏好，提供精准的商品推荐，提升销售转化率。它还可以优化库存管理，通过分析销售数据和市场趋势，预测需求并进行补货，从而提高运营效率。此外，它也可以应用于店铺选址、价格优化等方面，帮助零售商制定更有效的市场策略。

八、娱乐与文化

人工智能在娱乐与文化领域的应用同样广泛。智能音乐推荐系统可以根据用户的喜好和情感状态，提供个性化的音乐推荐。它还可以用于影视制作和艺术创作，通过分析大量的数据，预测观众的反应，帮助创作者制定更具吸引力的作品。同时，它也能够生成艺术作品，模仿各种风格，为我们带来全新的艺术体验。这些应用展示了其在创意领域的巨大潜力。

九、著作权和道德问题

随着人工智能的广泛应用，著作权和道德问题也日益突出。当人工智能生成的作品被视为原创作品时，如何确定著作权的归属成为一个复杂的问题。此外，人工智能生成的作品是否符合道德标准，如何防范侵权和抄袭，也成为需要解决的挑战。法律和法规的完善，以及公众对于人工智能的认识和理解，将在未来发挥重要作用。

十、公众接受度与价值观

人工智能的普及需要考虑公众的接受度和价值观。尽管人工智能能够提供更便捷和高效的服务，但其对于就业、隐私和道德的影响也引发了一些担忧。如何在推动技术发展的同时，保障公众利益和社会价值观，是人工智能发展中需要持续关注的问题。与公众和利益相关者的对话和合作，将有助于确保人工智能的应用符合社会的需求和期望。

人工智能技术正在以惊人的速度改变着我们的生活方式，从个性化的智能助手到自动驾驶汽车，人工智能无处不在。随着技术的进一步发展，它将在更多领域发挥潜力，为我们的生活带来更多便利和创新。然而，人工智能的发展也带来了新的挑战和问题，我们需要在推动技术进步的同时，谨慎应对这些挑战，确保它能够为人类社会带来积极的影响和价值。

知识巩固

一、单选题

1. 通用人工智能与当前人工智能的主要区别是（ ）。
   A. 更大规模的模型训练   B. 能够自主修改代码和解决广泛问题
   C. 数据需求更高   D. 专注于单一任务

2. 合成数据的主要优势是（ ）。
   A. 降低人工智能训练成本并保护隐私   B. 增加训练数据规模但无视质量
   C. 替代所有真实数据   D. 确保人工智能训练内容完全真实

3. 量子计算机对人工智能发展的主要贡献是（ ）。
   A. 提高数据存储容量   B. 提供高效并行计算支持复杂算法
   C. 减少人工智能开发成本   D. 替代传统计算机

4. 人工智能代理的出现对劳动市场的影响是（ ）。
   A. 完全取代人工劳动   B. 大幅提升工作效率并推动劳动力转型
   C. 限制数字经济发展   D. 仅在IT领域有效

5. 无代码软件开发的最大特点是（ ）。
   A. 提高开发效率但需要专业技术背景
   B. 使非专业人员通过人工智能工具生成代码
   C. 仅适用于小型企业
   D. 完全替代传统开发流程

6. 自主移动机器人与传统自动导引车的主要区别是（　　）。

    A. 自主移动机器人需要预先设定路径

    B. 自主移动机器人具备自主导航和实时避障能力

    C. 自主移动机器人只能用于物流行业

    D. 自主移动机器人适应性更低

7. 合成数据在人工智能训练中的主要挑战是（　　）。

    A. 无法满足数据隐私要求　　　　　　B. 数据质量和文化适应性问题

    C. 增加数据处理复杂度　　　　　　　D. 过度依赖现有真实数据

8. 人工智能在智能助手中的主要优势是（　　）。

    A. 提供固定的回答和服务　　　　　　B. 根据用户需求学习并优化服务

    C. 仅支持基础任务执行　　　　　　　D. 限制服务功能范围

9. 人工智能未来发展的关键趋势之一是（　　）。

    A. 专注于单一行业应用　　　　　　　B. 推动无代码开发和数字经济普及

    C. 减少科技创新投资　　　　　　　　D. 完全依赖人工数据训练

二、问答题

1. 简述通用人工智能的概念及其潜在应用场景。

2. 合成数据如何帮助解决人工智能训练中的数据瓶颈问题？

3. 量子计算机如何增强人工智能性能？请举例说明。

4. 人工智能代理和无代码软件开发将如何影响未来的数字经济？

5. 自主移动机器人和智慧医疗在未来可能产生哪些社会影响？